“新思想在浙江的萌发与实践”系列教材

主编　任少波

生态优先与绿色发展

理论与浙江实践

Prioritizing Eco-environmental Conservation and Green Development

Theory and Zhejiang Practice

黄祖辉　主编

傅琳琳　米松华　副主编

ZHEJIANG UNIVERSITY PRESS
浙江大学出版社
· 杭州 ·

图书在版编目(CIP)数据

生态优先与绿色发展：理论与浙江实践 / 黄祖辉主编. — 杭州：浙江大学出版社，2023.4
ISBN 978-7-308-23616-4

Ⅰ. ①生… Ⅱ. ①黄… Ⅲ. ①生态环境建设－研究－浙江 Ⅳ. ①X321.255

中国国家版本馆 CIP 数据核字(2023)第 056121 号

生态优先与绿色发展:理论与浙江实践

SHENGTAI YOUXIAN YU LÜSE FAZHAN: LILUN YU ZHEJIANG SHIJIAN

黄祖辉　主编

出 品 人　褚超孚
总 编 辑　袁亚春
策划编辑　黄娟琴
责任编辑　郑成业　李　晨
责任校对　朱　玲
封面设计　程　晨
出版发行　浙江大学出版社
(杭州市天目山路 148 号　邮政编码 310007)
(网址:http://www.zjupress.com)
排　　版　杭州朝曦图文设计有限公司
印　　刷　浙江新华数码印务有限公司
开　　本　710mm×1000mm　1/16
印　　张　15.5
字　　数　174 千
版 印 次　2023 年 4 月第 1 版　2023 年 4 月第 1 次印刷
书　　号　ISBN 978-7-308-23616-4
定　　价　39.00 元

序

浙江是中国革命红船起航地、改革开放先行地、习近平新时代中国特色社会主义思想重要萌发地。习近平同志在浙江工作期间，作出了“八八战略”重大决策部署，先后提出了“绿水青山就是金山银山”“腾笼换鸟、凤凰涅槃”等科学论断，作出了平安浙江、法治浙江、数字浙江、文化大省、生态省建设、山海协作及加强党的执政能力建设等重要部署，推动浙江经济社会发展取得前所未有的巨大成就。2020 年 3 月 29 日至 4 月 1 日，习近平总书记到浙江考察，提出浙江要坚持新发展理念，坚持以“八八战略”为统领，干在实处、走在前列、勇立潮头，努力成为新时代全面展示中国特色社会主义制度优越性的重要窗口。2021 年 6 月，中共中央、国务院发布《关于支持浙江高质量发展建设共同富裕示范区的意见》，赋予浙江新的使命和任务。习近平新时代中国特色社会主义思想在浙江的萌发与实践开出了鲜艳的理论之花，结出了丰硕的实践之果，是一部中国特色社会主义理论的鲜活教科书。

走进新时代，高校在宣传阐释新思想、培养时代新人方面责无旁贷。浙江大学是一所在海内外具有较大影响力的综合型、研究型、创新型大学，同时也是中组部、教育部确定的首批全国干部教育培训基地。习近平同志曾 18 次莅临浙江大学指导，对学校改革发展作出了一系列重要指示。我们编写本系列教材，就是要充分发挥浙江“三个地”的政治优势,将新思想在浙江的萌发与实践作为开展干部培训的重要内容,作为介绍浙江努力打造新时代“重要窗口”的案例样本,作为浙江大学办学的重要特色,举全校之力高质量教育培训干部,高水平服务党和国家事业发展。同时,本系列教材也将作为高校思想政治理论课的重要教材,引导师生通过了解浙江改革发展历程,深切感悟新思想的理论穿透力和强大生命力,深入感知国情、省情和民情,让思想政治理论课更加鲜活,让新思想更加入脑入心,打造具有浙江大学特色的高水平干部培训和思想政治教育品牌。

实践是理论之源,理论是行动先导。作为改革开放先行地,浙江坚持“八八战略”,一张蓝图绘到底,全面客观分析世情、国情和省情与浙江动态优势,扬长避短、取长补短走出了符合浙江实际的发展道路;作为乡村振兴探索的先行省份,浙江从“千村示范、万村整治”起步,以“山海协作”工程为重大载体,逐步破除城乡二元结构,有效整合工业化、城市化、农业农村现代化,统筹城乡发展,率先在全国走出一条以城带乡、以工促农、山海协作、城乡一体发展的道路;作为“绿水青山就是金山银山”理念的发源地和率先实践地,浙江省将生态建设摆到重要位置统筹谋划,不断强化环境治理和生态省建设,打造“美丽浙江”,为“绿色浙江”的建设迈向更高水平、更高境界指明了前进方向和战略路径;作为经济转型发展的先进省份,浙江坚持以发展为第一要务,以创新为第一动力,通过“立足浙江发展浙江”,“跳出浙江发展浙江”,在“腾笼换鸟”中“凤凰涅槃”,由资源小省发展成为经济大省、开放大省。

在浙江工作期间,习近平同志怀着强烈的使命担当,提出加强党的建设“巩固八个方面的基础，增强八个方面的本领”的总体战略部署，从干部队伍和人才队伍建设、基层组织和党员队伍建设、党的作风建设与反腐败斗争等方面坚持和完善党的领导，有力推进了浙江党的建设走在前列、发展走在前列。在浙江工作期间，习近平同志以高度的文化自觉，坚定文化自信、致力文化自强，科学提炼了“求真务实、诚信和谐、开放图强”的“浙江精神”，对浙江文化建设作出了总体部署，为浙江文化改革发展指明了前进方向。在浙江工作期间，习近平同志积极推进平安浙江、法治浙江、文化大省建设。作为“平安中国”先行先试的省域样本，浙江被公认为全国最安全、社会公平指数最高的省份之一。在浙江工作期间，习近平同志着力于发展理念与发展实践的有机统一，着力于发展观对发展道路的方向引领，着力于浙江在区域发展中的主旨探索、主体依靠、关系处理及实践经验的总体把握，深刻思考了浙江发展的现实挑战、面临困境、发展目标、依靠动力和基本保障等一系列问题，在省域层面对新发展理念进行了思考与探索。

从“绿水青山就是金山银山”理念到“美丽中国”，从“千万工程”到“乡村振兴”，从“法治浙江”到“法治中国”，从“平安浙江”到“平安中国”，从“文化大省”到“文化强国”，从“数字浙江”到“数字中国”，从对内对外开放到双循环新格局……可以清晰地看到，习近平同志在浙江的重大战略布局、改革发展举措及创新实践经验，体现了新思想萌发与实践的重要历程。

浙江的探索与实践是对新思想鲜活、生动、具体的诠释，对党政干部培训和高校思想政治理论课教学而言，就是要不断推动新思想进学术、进学科、进课程、进培训、进读本，使新思想落地生根、入脑入心。本系列教材由浙江省有关领导干部、专家及浙江大学知名学者执笔,内容涵盖"八八战略"、新发展理念、"绿水青山就是金山银山"理念、乡村振兴、"千万工程"、"山海协作"、县域治理、"腾笼换鸟"、对内对外开放、党的建设、新时代"枫桥经验"、平安浙江、法治浙江、数字浙江、健康浙江、民营经济、精神引领、文化建设、创新强省等重要专题。浙江省以习近平新时代中国特色社会主义思想为指引,全面贯彻党中央各项决策部署,统筹推进"五位一体"总体布局,协调推进"四个全面"战略布局,坚持稳中求进工作总基调,坚持新发展理念,坚持以"八八战略"为统领,一张蓝图绘到底,为社会各界深入了解浙江改革开放和社会主义现代化建设的成功经验提供有益的参考。

本系列教材主要有以下特色:一是思想性。教材以习近平新时代中国特色社会主义思想为指导,通过新思想在浙江的萌发与实践展现党的创新理论的鲜活力量。二是历史性。教材编写涉及的主要时期为2002年到2007年,并作适当延伸或回顾,集中反映浙江坚持一张蓝图绘到底,在新思想指导下的新实践与取得的新成就。三是现实性。教材充分展现新思想萌发与实践过程中的历史发展、典型案例、现实场景,突出实践指导意义。四是实训性。教材主要面向干部和大学生,强调理论学习与能力提升相结合,使用较多案例及分析,注重示范推广性,配以思考题和拓展阅读,加强训练引导。

"何处潮偏盛?钱塘无与俦。"奔涌向前的时代巨澜正赋予浙江新的期望与使命。起航地、先行地、重要萌发地相互交汇在这片神奇的土地上,浙江为新时代新思想的萌发、形成和发展提供了丰富的实践土壤。全景式、立体式展示浙江的探索实践，科学全面总结浙江的经验，对于学深悟透党的创新理论，用习近平新时代中国特色社会主义思想武装全党、教育人民具有重大意义。让我们不负梦想、不负时代，坚定不移地推进“八八战略”再深化、改革开放再出发，为建设社会主义现代化强国、实现中华民族伟大复兴的中国梦作出更大贡献。

感谢专家王永昌教授、胡坚教授、盛世豪教授、刘亭教授、张彦教授、宋学印特聘研究员对本系列教材的指导和统稿，感谢浙江大学党委宣传部、浙江大学继续教育学院(全国干部教育培训浙江大学基地)、浙江省习近平新时代中国特色社会主义思想研究中心浙江大学研究基地、浙江大学中国特色社会主义研究中心、浙江大学马克思主义学院、浙江大学出版社对本系列教材的大力支持，感谢各位作者的辛勤付出。由于时间比较仓促，书中难免有不尽完善之处，敬请读者批评指正。

是为序。

“新思想在浙江的萌发与实践”

系列教材编委会

二〇二一年十二月

前　言

习近平总书记在党的二十大报告中指出:“大自然是人类赖以生存发展的基本条件。尊重自然、顺应自然、保护自然,是全面建设社会主义现代化国家的内在要求。必须牢固树立和践行绿水青山就是金山银山的理念,站在人与自然和谐共生的高度谋划发展。”[①]习近平同志在浙江工作期间,针对浙江高速发展过程中遭遇的“成长中的烦恼”,即资源需求的无限性与资源供给的有限性以及资源利用效率低下之间的矛盾十分尖锐,环境容量需求的递增性与环境容量供给的递减性以及环境资源生产率低下之间的矛盾十分尖锐,居民日益增长的生态环境质量需求与政府不尽理想的生态环境质量供给之间的矛盾十分尖锐的问题,就已指出本质问题是没有处理好发展和环境保护的关系,旗帜鲜明地提出了“绿水青山就是金山银山”理念。浙江成为“绿水青山就是金山银山”理念的发源地和率先实践地。“绿水青山就是金山银山”理念的提出推动了浙江省将生态建设摆到改革发展和现代化建设全局位置统筹谋划,为浙江省生态建设迈向更高水平、更高境界指明了前进方向和战略路径。习近平总书记主持中央工作以来又将该理论系统深化,使之成为我国生态文明建设和绿色发展的思想统领和行动指南。

① 习近平.高举中国特色社会主义伟大旗帜　为全面建设社会主义现代化国家而团结奋斗[J].求是,2022(21):26.

“绿水青山就是金山银山”理念体现了三个相互关联的科学内涵,一是强调了作为“金山银山”的自然生态重要性;二是揭示了保护生态与发展经济的统一性,保护生态就是保护生产力,就是发展经济;三是蕴含了生态优势向经济优势转化的可行性与必要性。该理念不仅体现了生态文明与生态优先的思想,也体现了绿色发展和可持续发展的信念,深刻阐明了生态效益和经济效益、生态优先和绿色发展是互为依存、相互统一的关系。同时,实践经验充分表明,善待生态、敬畏生态、保护生态,坚持生态优先,实质上就是保护先进生产力,是绿色发展和高质量发展之必需。由此可见,生态优先、绿色发展是习近平总书记“绿水青山就是金山银山”理念的精髓和习近平生态文明思想的核心所在,是“绿水青山”向“金山银山”转化的实现路径,更是14亿人口中国式现代化的价值取向和必然路径。生态与人类是命运共同体。生态永续需要人类的呵护,人类发展离不开生态的支撑。生态振兴是习近平总书记提出乡村振兴要实现“产业振兴、生态振兴、文化振兴、人才振兴、组织振兴”的重要组成。生态振兴是生态文明的必然要求,是乡村振兴的重要支撑。实现生态振兴,必须坚持习近平总书记“绿水青山就是金山银山”理念的引领,必须遵循“生态优先、绿色发展”的行动指南。“绿水青山就是金山银山”理念引领生态振兴首先应坚持“生态优先”。因为“生态优先”不仅是“绿水青山”的要求,而且也是生态振兴的前提。坚持“生态优先”不仅是为了保护生态,目的是要实现“绿色发展”,“绿色发展”是“绿水青山就是金山银山”理念的核心所在,也是生态振兴的集中体现。换言之,生态振兴不仅要体现自然生态环境的优质化和可持续化,而且还要体现生态效益与经济效益相统一的优质发展和可持续发展,这既是“绿水青山就是金山银山"理念的内在逻辑，也是生态优先、绿色发展的内在本质。

一、要以生态优先、绿色发展实现生态振兴的现代化

首先，要坚持底线思维与发展思维相统一的振兴思维。在生态振兴中坚持底线思维就是要坚持生态优先，守住生态底线，就是不能以牺牲生态来获得发展。因此，要建立生态优先制度，营造生态振兴氛围，促使企业发展动能转换、政府评价导向转换、民众消费行为转换。坚持生态底线思维并不是放弃发展，生态振兴还包含了发展思维，即要追求生态友好的绿色发展，追求将"绿水青山"转化为"金山银山"。可见，生态振兴的底线思维与发展思维是辩证统一的，只有既坚持底线思维，又坚持发展思维，才能实现"绿水青山就是金山银山"的生态振兴，才能实现生态振兴基础上的现代化。其次，要建构自然生态与人文生态相交融的振兴视野。从广义生态看，人类生存与发展的物质基础是自然生态，精神基础则是人文生态。中国五千年悠久的文明史，既有文化传承价值，又有现实需求价值，是百姓日益增长的美好生活需要的重要组成部分。因此，在实现生态振兴时，还需开拓视野，要融入人文生态元素，使自然生态和人文生态相交融、共转化，形成生态振兴的叠加效应与现代化。再次，要建立政府主导与市场运行相协调的振兴机制。生态具有公共属性，但生态产品又具有私人属性，生态振兴是公共行为与私人行为共同作用的过程。因此，在生态振兴的过程中，要协调好公共行为与私人行为的关系，就必须建立政府与市场相协调的体制机制。对于涉及公共属性的生态文明行为制度和生态环境养护制度的安排与投入，政府主导具有必然性和合理性；但对于

生态产品的价值实现或生态产业的发展,还需充分发挥市场机制的作用,建立“政府有为,市场有效”相协调的生态振兴机制与现代化发展机制。此外,要选择产业融合与城乡融合相结合的生态振兴与现代化道路。建立在“绿水青山”基础上的“金山银山”,是生态振兴的重要特征,其载体必定是高效生态、绿色发展的业态与产业。要做大、做优、做强这类业态和产业,就必须选择产业融合发展、多功能发展和城乡融合发展的道路,只有这样,才能实现高质量、高效率的生态振兴和现代化。

二、以生态优先、绿色发展实现生态振兴的现代化要做好生态转化文章

首先,要找准生态转化思路。生态转化是“绿水青山就是金山银山”理念的重要内涵,也就是“绿水青山”要成为“金山银山”,或者说资源生态优势要成为经济发展优势,关键是要做好“转化”这篇文章。基本思路是两条。一是生态产业化思路,也可称为直接转化思路。主要是针对可市场化交易的生态资源与产品,如水资源、碳汇资源、天然农林产品等,通过相关产权制度与交易制度的建立,直接将其价值转化为经济社会价值。二是产业生态化思路,也可称为间接转化思路。主要是通过关联性的一、二、三产业发展,如高效生态农业、绿色加工以及民宿、康养旅游等休闲产业的发展,使难以直接转化的生态价值在关联性产业的市场交易中得到体现和生态溢价,进而转化为经济社会价值。其次,要选好生态转化路径。一是政府路径。实践中,对于难以直接转化、具有公共性的生态价值,政府的作用至关重要。尤其是对于公共生态规制、生态养护、生态服务,政府通过制定法律法规或购买公共生态服

务，既有助于确保生态优先，又有助于生态的转化。二是社会路径。社会资源和力量是生态转化的重要因素。建立生态公益基金、激励民众对生态的转移支付应成为生态转化社会路径的重要方向。三是市场路径。这是生态转化的主要路径。生态产业化和产业生态化本质上都是通过市场路径来实现。生态转化市场路径能够有效，关键是要转变政府部分职能，并且完善产权制度，实现要素市场化配置。再次，要活化生态转化理念。生态产业化和产业生态化是活化生态转化的一种理念。树立生态"产地"就是"销地"的观念，也是活化生态转化的一种理念。建立与完善生态原产地认证、地理标志认证、碳汇交易等制度，以及将生态化、特色化、数字化、标准化、组织化、品牌化相结合，都是活化生态转化、提升生态价值、实现生态振兴的重要理念。此外，要致力生态转化共享。生态振兴要建立生态及其转化成果的共享机制，不仅使"绿水青山"为广大民众共享，而且要使转化的"金山银山"为广大民众共享，尤其能为乡村广大农民共享。在生态转化过程中，应高度重视资源生态产权与治理制度建构中效率与益贫的相互协同；用好政府产业政策和公共政策的杠杆，体现生态振兴和生态转化对普通农民的包容性和惠顾性；推进资源资产化、资产股份化、股份合作化改革，引导企业和合作组织带动小农发展，实现生态振兴中小农户、贫困群体与绿色发展的有机衔接和共富现代化发展。

本教材以浙江为主要对象，对生态优先、绿色发展命题进行理论与实践的阐述。除了前言和后记外，教材包括六章内容。第一章为生态优先、绿色发展的科学内涵和意义。第二章为生态优先、绿色发展的浙江"绿水青山就是金山银山"理念践行。第三章为生态优先、绿色发展推进生态产业化、产业生态化"两化"融合。第四章为生态优先、绿色发展推进生态文明制度建设。第五章为生态优先、绿色发展推进现代生态治理体系建构。第六章为生态优先、绿色发展建设美丽中国。此外,每章都安排了本章要点和本章小结,教材除了阐述生态优先、绿色发展的科学内涵和意义、浙江"绿水青山就是金山银山"理念践行、生态产业化和产业生态化、生态文明制度建设、现代生态治理体系建构、建设美丽中国等内容外,还附有与浙江密切相关的实践案例、案例简析和拓展阅读等内容,每章还设计了若干思考题,以供学员和读者深化课程内容的理解和把握。

编者

2023 年 1 月

目　录

共抓大保护和生态优先讲的是生态环境保护问题，是前提；不搞大开发和绿色发展讲的是经济发展问题，是结果；共抓大保护、不搞大开发侧重当前和策略方法；生态优先、绿色发展强调未来和方向路径，彼此是辩证统一的。

——摘自《在深入推动长江经济带发展座谈会上的讲话》[①]

第一章　生态优先、绿色发展的科学内涵和意义

本章要点

1. 生态优先、绿色发展源于中国改革开放以来的伟大实践，蕴含了马克思主义哲学思想和中国传统的生态智慧，是习近平生态文明思想的核心、标志性观点和代表性论断，是习近平新时代中国特色社会主义思想的重要组成部分，已成为我国生态文明建设的理论指导和行动纲领。

2. 生态优先强调生态环境保护优先原则，给出了生态效益放在首位的判断准则；绿色发展是新发展理念的重要组成部分，实质在于人与自然和谐共生的发展，发展绿色生态、绿色生产、绿色生活，实现生态美丽、生产美化、生活美好是其基本内涵。

3. 生态优先和绿色发展是辩证统一的关系，守不住生态优先的底线，就做不好绿色发展的文章。贯彻生态优先、绿色发展，必

① 习近平. 在深入推动长江经济带发展座谈会上的讲话[M]//习近平. 论坚持人与自然和谐共生. 北京：中央文献出版社，2022：215.

须把生态环境保护放在首位，绝不能以牺牲生态环境为代价，要在保护生态环境的基础上推动经济高质量发展，坚持做到在经济发展中保护生态环境，在生态环境保护中发展绿色经济。

中国特色社会主义进入新时代以来，习近平总书记多次提出并强调走生态优先、绿色发展新道路，生态优先、绿色发展道路新思想构成了习近平生态文明思想与习近平新时代中国特色社会主义思想的主要内容。生态优先、绿色发展新道路，就是发展绿色生态、绿色生产、绿色生活，形成绿色生态、生产、生活方式，构建绿色生态、生产、生活体系，营造绿色生态、生产、生活环境，实现生态美丽、生产美化、生活美好，让人民群众在绿水青山中共享生态之美、生产之美、生活之美，这是一条生态优先、“三生”和谐、“三美”合一、人民幸福的新时代生态文明发展之路。从生态优先、绿色发展道路的提出背景、科学内涵、重大意义与相互关系来看，提出并实践生态优先、绿色发展新道路，对于满足人民美好生活需要、实现现代化强国与中国梦、迈向生态文明新时代具有重大意义。

第一节　生态优先、绿色发展的提出背景

“生态优先、绿色发展”是在我国资源环境与经济发展矛盾不断加剧，经济从粗放型增长向集约型发展转型背景下形成和强化的。以我国东部沿海省份浙江为例，浙江素有“七山一水两分田”之称，地形复杂，人均耕地面积仅半亩左右。受制于自然条件等诸多因素，改革开放之初的浙江经济发展水平处于全国相对落后的

水平。但是，在“求真务实、诚信和谐、开放图强”的浙江精神[①]引领和激励下，浙江乘着改革开放的浩荡春风，敢闯敢试、大胆创新，在全国率先推行市场化改革，创造了诸多经济发展奇迹，成功实现了从资源小省到经济大省的跨越，为全国乃至全世界提供了多领域鲜活的浙江经验、浙江样板。1978—2000 年，浙江地区生产总值从 124 亿元增加到 6036 亿元，年均增长 13.2%，在全国各省（区、市）中由第 12 位上升到第 4 位；人均生产总值由 331 元增加到 13461 元，在全国各省（区、市）中由第 16 位上升到第 4 位；城镇居民人均可支配收入和农村居民人均纯收入分别达到 9279 元和 4254 元，年均增长分别为 7.4%和 8.8%，居全国各省（区、市）第 4 位和第 3 位。[②] 这一时期，浙江省委、省政府出台了《关于促进个体、私营经济健康发展的通知》《关于深化乡镇企业改革的若干意见》等一系列政策，全省掀起了兴办个体私营企业的热潮，民营经济蓬勃发展。全省工商登记注册的个体工商户和私营企业分别由 1991 年的 100.3 万户和 1.1 万家增至 2000 年的 158.9 万户和 17.9 万家，[③]全省私营企业总产值、销售额和个体工商户总产值、销售额等 4 项指标名列全国第一，成为全国个体私营经济发展较快、影响较大的省份。

21 世纪之初，浙江经济进入工业化、城市化、信息化、市场化和国际化进程加速阶段。然而，伴随着经济高速增长而来的是资源短缺、环境污染、生态恶化等一系列问题，经济发展和环境保护之间的矛盾开始激化，先后出现了“长兴天能”“东阳画水镇”“新昌嵊

① 习近平. 与时俱进的浙江精神[N]. 浙江日报，2006-02-05(1).

② 数据来源：1978—2000 年浙江统计年鉴。

③ 数据来源：1992 年和 2001 年浙江统计年鉴。

州”等环境群体性事件,走在全国前列的浙江首先遭遇了种种“成长的烦恼”[①]。2005 年 12 月,时任浙江省委书记习近平在浙江省委常委务虚会上指出:“近几年来,随着发展环境、发展条件、发展要求的变化,特别是要素供给和环境承载力瓶颈制约的进一步凸显,我们在深深感受到‘成长的烦恼’和‘制约的疼痛’的同时,也切实增强了推进科技进步、提高自主创新能力、提升产业层次、实现‘凤凰涅槃’的自觉性和紧迫感。”[②]面对经济高速增长与环境承载力有限的矛盾、资源需求无限性与资源利用效率低的矛盾、人民群众日益增长的生态质量需求与生态环境改善滞后的矛盾等一系列“成长的烦恼”,浙江省委、省政府要求坚决做好生态转型升级,加快推进经济增长方式由粗放型向集约型发展方式转变。因此,转变经济发展方式既是浙江落实国家科学发展观的战略要求,也是坚持生态优先、实现绿色发展的内在要求。

一、粗放型经济增长方式难以为继

浙江的劳动密集型、低加工度、低附加值的传统制造业,如皮带、小五金、塑料制品等,在 20 世纪 80 年代发展起来时,主要是面向国内的“三北一南”市场——东北、西北、华北和西南市场。在 2002 年之前,居民的收入主要用于“吃穿”方面的消费,浙江的产业结构正好满足了国内的市场需求。但从统计数据看,2002 年后国内居民的消费结构发生了变化,表现为对“吃穿”等传统日用品的需求增速下降、对产品品质的要求提高和对“住行”等的需求增速

---

① 浙江省中国特色社会主义理论体系研究中心.从“腾笼换鸟、凤凰涅槃”到高质量发展[N].浙江日报,2018-07-19(5).

② 习近平.干在实处 走在前列——推进浙江新发展的思考与实践[M].北京:中共中央党校出版社,2006:32.

上升。浙江在积极推进经济社会发展的同时，也清楚地意识到了资源要素紧缺、环境压力增大、低成本竞争和数量扩张型的产业和企业发展越来越难以为继等问题。集中表现为经济总量持续扩张，环境、资源与发展的矛盾比较突出，特别是土地、电力、淡水等生产要素的瓶颈制约日益明显，这些都使“资源小省”“经济大省”的浙江面临着巨大的挑战。

从2004年下半年开始，浙江主要工业经济指标在全国的位次明显后移，增长速度也在全国靠后，浙江经济面临的桎梏越来越明显。2004年底，时任浙江省委书记习近平在浙江省经济工作会议上指出：“去年以来，我省经济在快速发展中，遇到了‘成长的烦恼’：正在生产的缺电，正在建设的缺钱，正在招商的缺地。”[①]由此，“成长的烦恼”一词成为对浙江经济状况的形象概括。为了应对“成长的烦恼”，浙江省多方行动。时任浙江省委书记习近平率领浙江省党政代表团60余人赶赴上海，与上海签署了《关于进一步推进沪浙经济合作与发展的协议书》；随后与江苏签署了《进一步加强经济技术交流与合作协议》。2004年，浙江省委、省政府下发《关于推动民营经济新飞跃的若干意见》，开宗明义地提出，民营经济是浙江的优势和活力所在，要求积极推动民营经济从主要集中在传统制造业和商贸业，向全面进入高技术高附加值先进制造业、基础产业和新兴服务业转变，提高民营经济产业层次和发展水平。在总结浙江经济实际的基础上，习近平同志多次表示，浙江要在社会经济方面保持优势，重点是要实现“凤凰涅槃”和“腾笼换鸟”。前者是指要摆脱对粗放型增长的依赖，后者是指主动推进产业结

① 习近平.以科学发展观统领全局　推进“八八战略”的深入实施——在全省经济工作会议上的讲话[J].政策瞭望，2005(1)：5.

构的优化升级。习近平同志指出,要“培育吃得少、产蛋高、长得好的俊鸟”[①],实施“走出去”与“引进来”相结合的策略,以“腾笼换鸟”方式为浙江产业升级腾出发展空间。

二、资源与环境矛盾问题的破解

从历史上看,受到人多地少的瓶颈制约,浙江在经济发展的过程中逐渐形成了“四海为家”的“走出去”发展战略。“跳出浙江、发展浙江”成为这些年推动浙江经济迅猛发展的重要方针,并且获得了巨大成功。[②] 但就浙江经济本身而言,其资源的内在约束因素并没有因此得到根本的改变。一方面,率先发展的浙江,最早遇到了缺地、缺电、缺水的窘境,要素瓶颈让发展难以为继的警告成为严峻的现实。另一方面,浙江经济的发展又带有比较明显的“三高一低”(即高投入、高消耗、高排放、低效率)的粗放特征,对资源、能源及各种生产要素的投入高、消耗大、依赖性强,而产出却较低。在1980—2000年的20年内,浙江以投资翻6番多、能源消耗翻2.5番支撑了人均生产总值翻3.3番。如果按照过去的投资和能源使用情况,在2000—2020年的20年内,要实现人均生产总值翻两番,将需要2.8万亿元的投资和1.6亿吨的标准煤能源。[③] 通过这样的高投入和高消耗以及相应造成的高污染来达成经济的短期高速增长显然是不可取的。

2002年6月,浙江省第十一次党代会明确提出了建设“绿色浙江”的目标任务。在党的十六大以后,省委十一届二次全会进一步

---

① 习近平.之江新语[M].杭州:浙江人民出版社,2022:185.

② 徐长乐,邹毓喆.后危机时代浙江经济发展方式的转变[J].南通大学学报(社会科学版),2010,26(5):25.

③ 中国统计信息网.浙江经济增长与发展方式转变研究[EB/OL].(2007-12-04)[2022-10-01].http://www.stats.gov.cn/ztjc/ztfx/dfxx/200712/t20071203_33820.html.

明确，要以建设“绿色浙江”为目标，以生态省建设为载体和突破口，走生产发展、生活富裕、生态良好的文明发展道路。2003年，在全国各省（区、市）环境污染与破坏事故次数排名中，浙江居第3位，高达229次，[①]环境污染形势依旧严峻，再次敲响了环境保护的警钟。2004年10月，在习近平同志“踏石留印，抓铁留痕”的要求下，浙江开启了“811”环境污染整治行动，其中包括开展节能降耗“十百千”节能行动，全面推进节能降耗工作。2006年，全省每万元生产总值综合能耗为0.86吨标准煤，比2005年降低3.52%，下降率比2005年提高了一倍多，能耗水平和降幅在全国各省（区、市）中分别居第3位和第4位。同时，全省各级政府对环境保护问题越来越重视，2006年全省环保投资总额超过280亿元，占当年GDP的1.8%。2005年，出台了《浙江省循环经济发展纲要》，全面实施循环经济“991”行动计划、工业循环经济“4121”示范工程和“811”环境整治行动，循环经济得到有力发展，环境质量得到明显改善。全省化学需氧量、二氧化硫污染物排放总量虽然还比较高，但已分别比2005年降低了0.34%和0.12%，扭转了2002年以来连年上升的态势，是全国9个“双下降”的省份之一（全国分别增长1%和1.6%）。“三废”排放强度也明显下降，2006年与2002年相比，按可比价格计算，万元GDP废水排放量下降24.3%，万元GDP化学需氧量排放量下降39.3%，万元GDP二氧化硫排放量下降18.5%，万元工业增加值固体废物排放量下降43.2%。2003—2006年，全省规模以上企业废弃资源和废旧材料回收加工业总产值年均增长50.2%，该产业产值占全国的比重达28%，成为各个行业中增长最快的行业。工业固体废物综合利用率和重复

---

① 沈满洪.绿色浙江——生态省建设创新之路[M].杭州:浙江人民出版社,2006:24.

用水率也有了很大提高,分别由 2002 年的 84.7%和 33.2%上升到 2006 年的 91.8%和 48.4%。[①]

正是在这种粗放型经济增长方式难以为继、资源约束趋紧和环境污染加剧的社会背景下,如何从新的视角统筹解构经济社会发展和生态环境的关系问题,成为浙江必须破解的重大现实课题。2005 年 8 月 15 日,时任浙江省委书记习近平在考察浙江安吉余村时提出了“绿水青山就是金山银山”的重要理念。该理念说明生态本身就是经济,保护生态环境就是保护生产力,改善生态环境就是发展生产力。善待生态、敬畏生态、保护生态,实质上就是善待和保护人类本身,是绿色发展和高质量发展之必需,是实现人民美好生活的必由之路。要实现可持续发展,就应自觉地推进绿色发展、循环发展和低碳发展,决不能再走以牺牲资源、环境为代价去换取短期经济增长的老路。换言之,深入践行“绿水青山就是金山银山”理念,就必须以生态优先、绿色发展为导向,坚持走生态保护和经济开发相得益彰的道路,将良好的生态、资源和政策优势转化为产业、经济和发展优势,打通“绿水青山”向“金山银山”的转化通道,持续推动高质量发展。因此,生态优先、绿色发展的提出,既是源自浙江自身省情,即摆脱“成长的烦恼”困境的现实需要,也是顺应国家发展战略的实践要求。坚持生态优先、绿色发展,不断践行“绿水青山就是金山银山”理念,不仅科学回答了如何解决“制约的疼痛”和“成长的烦恼”问题,也为浙江经济社会发展和生态环境保护实现双赢指明了路径和方法。

---

① 中国统计信息网.浙江经济增长与发展方式转变研究[EB/OL].(2007-12-04)[2022-10-04].http://www.stats.gov.cn/ztjc/ztfx/dfxx/200712/t20071203_33820.html.

第二节　生态优先、绿色发展的科学内涵

一、生态优先、绿色发展的形成过程

任何思想都是经过长期的社会生产实践和反复的理论总结提炼出来的。作为习近平生态文明思想与习近平新时代中国特色社会主义思想的重要组成部分，生态优先、绿色发展思想同样也经历了这一过程。

(一)萌芽阶段(1982—2001年)：生态优先、绿色发展意识的觉醒

习近平同志在早年基层工作实践中积累了对中国环境问题的深度认知，并在实践中开始摸索保护环境、实现绿色发展的新道路，为生态优先、绿色发展的提出奠定了实践基础。1982年3月—1985年5月在任河北省正定县委副书记和书记期间，习近平同志主持制定了《正定县经济、技术、社会发展总体规划》，规划强调："保护环境，消除污染，合理开发利用资源，保持生态平衡，是现代化建设的重要任务，也是人民生产、生活的迫切要求。""宁肯不要钱，也不要污染，严格防止污染搬家、污染下乡。"①

1985年6月—2002年10月在福建工作期间，习近平同志强调，资源开发不是单纯讲经济效益的，而是要达到社会、经济、生态三者的效益的协调。② 实际工作中，习近平同志五次到长汀调研，大力支持长汀水土流失治理。经过连续十几年的努力，长汀治理水土流失面积98.8万亩，森林覆盖率由1986年的59.8%提高到

---

① 黄浩涛.生态兴则文明兴　生态衰则文明衰——学习习近平总书记关于生态文明建设的重要论述[J].今日浙江,2015(12):48.

② 习近平.摆脱贫困[M].福州:福建人民出版社,2014:109.

2014 年的 79.4%,实现了"'荒山—绿洲—生态家园'的历史性转变"[①]。在担任宁德地委书记期间,习近平同志提出"靠山吃山唱山歌,靠海吃海念海经"[②],强调依托荒山、荒坡、荒地、荒滩,发展立体种植,鼓励发展"生态型大农业",建设"绿色工程",并指出"什么时候闽东的山都绿了,什么时候闽东就富裕了"[③]。2001 年,时任福建省省长的习近平同志提出建设"生态省"的战略构想;2002 年,福建成为中国首批生态试点省份之一,为生态优先、绿色发展思想的提出和深化发展奠定了坚实的实践基础。

(二)形成阶段(2002—2012 年):"绿水青山就是金山银山"理念与生态优先、绿色发展思路的形成

2002 年习近平同志调任浙江省委书记,继续把建设"生态省"的战略构想付诸浙江的发展实践中,并在建设过程中创造性提出了"绿水青山就是金山银山"的科学论述和理念,为实现生态环境高水平保护和经济高质量发展提供了理论依据和实践路径,生态优先、绿色发展的思路逐步形成。

随着资源短缺、环境污染和生态恶化,浙江开始探求经济社会发展与人口、资源、环境相协调的可持续发展道路。2002 年,习近平同志在主持浙江省第十一次党代会时提出了"建设绿色浙江"[④]的目标。在习近平同志的高度重视下,2003 年 1 月,浙江省成为全国第 5 个生态省建设试点省。在 2003 年 7 月的浙江省委十一届

---

① 阮锡桂,郑璜,张杰.绿水青山就是金山银山——习近平同志关心长汀水土流失治理纪实[J].中国水土保持,2014(12):4.

② 习近平.摆脱贫困[M].福州:福建人民出版社,2014:6.

③ 习近平.摆脱贫困[M].福州:福建人民出版社,2014:110.

④ 习近平.生态兴则文明兴——推进生态建设 打造"绿色浙江"[J].求是,2003(13):42.

四次全会上，习近平同志正式提出要将“进一步发挥浙江的生态优势，创建生态省，打造‘绿色浙江’”作为“八八战略”的重要一条。[①]2004 年 3 月 19 日，习近平同志在《浙江日报》“之江新语”专栏中发表的《既要 GDP，又要绿色 GDP》文章指出：“我们既要 GDP，又要绿色 GDP。特别是浙江人多地少，如果走传统的经济发展的道路，环境的承载将不堪重负，经济的发展与人民群众生活质量的提高会适得其反。我们要牢固树立科学发展观，既着眼当前，更考虑长远，承担起积极推进全面、协调、可持续发展的重任。”[②]2005 年 8 月 15 日，时任浙江省委书记习近平来到湖州市安吉县天荒坪镇余村调研，高度评价了余村关停污染环境的矿山，下定决心靠发展生态环境致富，走绿色发展新道路的做法，并首次明确提出了“绿水青山就是金山银山”的重要理念。同年 8 月 24 日，习近平同志在《浙江日报》上发表《绿水青山也是金山银山》一文，他强调：“如果能够把这些生态环境优势转化为生态农业、生态工业、生态旅游等生态经济的优势，那么绿水青山也就变成了金山银山。绿水青山可带来金山银山，但金山银山却买不到绿水青山。绿水青山与金山银山既会产生矛盾，又可辩证统一。”[③]此后，习近平同志在丽水市、衢州市、杭州市多地考察时多次强调要坚持生态优先、绿色发展，不断践行“绿水青山就是金山银山”理念。

2006 年 3 月，习近平同志从“金山银山”与“绿水青山”之间对立统一的角度作了更为完整、更为严谨的表述：“在实践中对这‘两座山’之间关系的认识经过了三个阶段：第一个阶段是用绿水青山

① 中央党校采访实录编辑室. 习近平在浙江(上)[M]. 北京：中共中央党校出版社，2021：3.

② 习近平. 之江新语[M]. 杭州：浙江人民出版社，2022：37.

③ 习近平. 之江新语[M]. 杭州：浙江人民出版社，2022：153.

去换金山银山,不考虑或者很少考虑环境的承载能力,一味索取资源。第二个阶段是既要金山银山,但是也要保住绿水青山,这时候经济发展与资源匮乏、环境恶化之间的矛盾开始凸显出来,人们意识到环境是我们生存发展的根本,要留得青山在,才能有柴烧。第三个阶段是认识到绿水青山可以源源不断地带来金山银山,绿水青山本身就是金山银山,我们种的常青树就是摇钱树,生态优势变成经济优势,形成了一种浑然一体、和谐统一的关系。这一阶段是一种更高的境界。”[①]在习近平同志的深入论述和实践印证中,“绿水青山就是金山银山”理念逐渐形成了科学完整的理论体系。

2007 年 3 月,习近平同志调离浙江,但他的生态优先、绿色发展思想在浙江早已扎根,并且开始枝繁叶茂。2010 年浙江省委通过《关于推进生态文明建设的决定》,强调坚持生态省建设方略,以深化生态省建设为载体,打造“富饶秀美、和谐安康”的生态浙江,努力建设成为全国生态文明示范区。为了配合推进生态省建设,浙江省委、省政府印发了《浙江省美丽乡村建设行动计划(2011—2015 年)》,省政府制定了《浙江省循环经济“991”行动计划(2011—2015 年)》《浙江省发展生态循环农业行动方案》,力求构建绿色、循环、低碳的产业发展新格局,坚定不移地走以生态优先、绿色发展为导向的新路子。

(三)全面深化阶段(2012 年至今):生态优先、绿色发展思想的系统性升华

自党的十八大以来,“绿水青山就是金山银山”理念上升为国家层面生态文明领域改革的顶层设计,生态优先、绿色发展进入了

① 习近平.之江新语[M].杭州:浙江人民出版社,2022:186.

全面深化阶段。在“绿水青山就是金山银山”理念的指引下，各地积极践行习近平生态文明思想，坚持生态优先、绿色发展，着力解决生态环境问题，加大生态系统的保护力度，在不断实践中续写“绿水青山就是金山银山”理念的新篇章。

2012 年 11 月，党的十八大将“生态文明建设”写入党章，提出推进美丽中国建设的新目标，将生态文明建设上升到国家战略。同年 12 月，习近平总书记在广东考察工作时指出：“我们建设现代化国家，走美欧老路是走不通的，再有几个地球也不够中国人消耗。中国现代化是绝无仅有、史无前例、空前伟大的。现在全世界发达国家人口总量不到十三亿，十三亿人口的中国实现了现代化，就会把这个人口数量提升一倍以上。走老路，去消耗资源，去污染环境，难以为继！”[①]可以看出，中国要实现现代化，必须坚持人与自然和谐共生，走科学发展和可持续发展之路，将生态文明建设贯穿经济、政治、文化和社会建设的全过程。2013 年 4 月 10 日，习近平总书记在海南考察工作结束时指出：“纵观世界发展史，保护生态环境就是保护生产力，改善生态环境就是发展生产力。良好生态环境是最公平的公共产品，是最普惠的民生福祉。对人的生存来说，金山银山固然重要，但绿水青山是人民幸福生活的重要内容，是金钱不能代替的。”[②]同年 5 月 24 日，习近平总书记在十八届中央政治局第六次集体学习时讲话指出：“要正确处理好经济发展同生态环境保护的关系，牢固树立保护生态环境就是保护生产力、改善生态环境就是发展生产力的理念，更加自觉地推动绿色发展、循

① 习近平．在广东考察工作时的讲话[M]//中共中央文献研究室．习近平关于社会主义生态文明建设论述摘编．北京：中央文献出版社，2017：4.

② 习近平．在海南考察工作结束时的讲话[M]//中共中央文献研究室．习近平关于社会主义生态文明建设论述摘编．北京：中央文献出版社，2017：4.

环发展、低碳发展,绝不以牺牲环境为代价去换取一时的经济增长。”[①]2013 年 9 月 7 日,国家主席习近平在哈萨克斯坦纳扎尔巴耶夫大学发表题为《弘扬人民友谊共创美好未来》的重要演讲,并在回答学生提出的关于环境保护的问题时指出:“中国明确把生态环境保护摆在更加突出的位置。我们既要绿水青山,也要金山银山。宁要绿水青山,不要金山银山,而且绿水青山就是金山银山。我们绝不能以牺牲生态环境为代价换取经济的一时发展。我们提出了建设生态文明、建设美丽中国的战略任务,给子孙留下天蓝、地绿、水净的美好家园。”[②]这一回答是对“绿水青山就是金山银山”理念的进一步拓展,也是对错误发展观的猛烈棒喝。2013 年 11 月,习近平总书记在党的十八届三中全会上的讲话进一步把“绿水青山就是金山银山”理念提升到系统论的高度,他指出:“山水林田湖是一个生命共同体,人的命脉在田,田的命脉在水,水的命脉在山,山的命脉在土,土的命脉在树。用途管制和生态修复必须遵循自然规律,如果种树的只管种树、治水的只管治水、护田的只管护田,很容易顾此失彼,最终造成生态的系统性破坏。”[③]

从 2005 年 8 月以来,“绿水青山就是金山银山”理念引领推出《生态文明体制改革总体方案》,生态优先、绿色发展上升为国家层面生态文明领域改革的顶层设计。2016 年 1 月,习近平总书记在召开推动长江经济带发展座谈会时强调,“长江经济带发展必须坚

① 习近平.习近平谈治国理政.第一卷[M].北京:外文出版社,2018:209.

② 中共中央宣传部.习近平总书记系列重要讲话读本[M].北京:学习出版社,2016:230.

③ 习近平.《中共中央关于全面深化改革若干重大问题的决定》的说明[J].理论学习,2013(12):28.

持生态优先、绿色发展，把修复长江生态环境摆在压倒性位置”[①]，探索出一条生态优先、绿色发展新路子。2016年2月，习近平总书记在江西省调研时指出：“绿色生态是最大财富、最大优势、最大品牌，一定要保护好，做好治山理水、显山露水的文章，走出一条经济发展和生态文明水平提高相辅相成、相得益彰的路子。”[②]2017年10月，习近平总书记首次将“必须树立和践行绿水青山就是金山银山的理念”写入在中国共产党第十九次全国代表大会上所作的报告，其与“坚持节约资源和保护环境的基本国策”一并成为新时代中国特色社会主义生态文明建设的思想和基本方略。同时，党的十九大通过《中国共产党章程（修正案）》，将“增强绿水青山就是金山银山的意识”写入党章，生态优先、绿色发展的生态文明被提升为中华民族永续发展的千年大计。这既有利于全党全社会牢固树立社会主义生态文明观、同心同德建设美丽中国、开创社会主义生态文明新时代，更表明党和国家在全面决胜小康社会的历史性时刻，对生态优先、绿色发展的生态文明建设作出了根本性、全局性和历史性的战略部署。

2020年，习近平总书记先后赴浙江、山西等地考察，生态优先、绿色发展都是考察的重点内容，每到一处，都必谈生态环境保护，有力带动全党全社会进一步形成“绿水青山就是金山银山”的理念共识。3月30日，习近平总书记在浙江省安吉县天荒坪镇余村考察，了解该村多年来践行“绿水青山就是金山银山”理念、推动绿色发展发生的巨大变化，并对当地依靠发展绿色经济带动村民增收致富的做法给予了肯定。5月11—12日，习近平总书记在山西考

---

① 习近平．习近平谈治国理政．第二卷[M]．北京：外文出版社，2017：210．

② 习近平．在江西考察工作时的讲话[N]．人民日报，2016-02-04(1)．

察,对汾河治理工作作出重要指示,汾河流域的发展要推进山水林田湖草系统治理,把加强流域生态环境保护与推进能源革命、推行绿色生产生活方式、推动经济转型发展统筹起来。生态环境显著改善是党的十八大以来最得人心的历史性成就之一。如今,生态优先、绿色发展这一理念已经成为全党全社会的共识,成为习近平生态文明思想的核心要义。我国生态环境保护发生了历史性、转折性、全局性变化。实践充分证明,绿水青山既是自然财富,又是经济财富,生态本身就是经济,保护生态就是发展生产力。

二、生态优先、绿色发展的科学内涵

生态优先、绿色发展源于中国改革开放以来的伟大实践,与习近平总书记长期在地方工作的经历和实践探索密不可分。从陕西的梁家河到河北的正定,又从福建到浙江一直到上海,中国的西部、中部和东部的山川平原大地上都留下了习近平总书记的足迹。这种多区域、多层级,并且跨越不同发展时代的基层与地方工作的历练与实践探索,是习近平生态文明思想萌发并且形成的重要源泉。生态优先、绿色发展蕴含了马克思主义哲学思想和中国传统的生态智慧,是生态文明建设的核心理论和行动纲领,是习近平总书记治国理念的重要组成部分,也是中国特色社会主义理论体系的组成部分。生态优先、绿色发展在实践过程中不断发展、完善和升华。党的十八大以来,习近平总书记无论在国内主持重要会议、考察调研,还是在国外访问、出席国际会议活动,常常提及要坚持生态优先、绿色发展,同时也注重不断地阐释"绿水青山就是金山银山"的科学论断,不断强调建设生态文明、维护生态安全的重要性。党的二十大报告提到,"必须牢固树立和践行绿水青山就是金山银山的理念，站在人与自然和谐共生的高度谋划发展”[1]。这意味着在新时期新征程上，我们始终要坚定不移地、持续地深化“绿水青山就是金山银山”理念，将生态优势转化为经济优势。

（一）生态优先的内涵

生态优先体现了生态规律、生态资本和生态效益优先三个层次。首先，要满足最基本的发展要求，保证自然资源的供给，必须优先遵循两大规律，即生态系统的动态平衡和自然资源的再生循环规律。其次，把修复生态环境、维护生态功能摆在优先位置，从而保证生态资本的保值增值。最后，优先保护长远的生态效益，通过绿色、循环和低碳发展等手段实现经济结构优化、生态环境改善和民生建设提升等长远的生态红利。[2] 生态优先强调生态环境保护优先原则，给出了生态效益放在首位的判断准则。当经济社会发展与生态环境保护产生不可调和的矛盾时，应当把生态环境保护放在优先地位，即“宁要绿水青山，不要金山银山”。坚持生态优先理念，要求坚决摒弃先污染后治理的老路，建立起以适应资源环境承载力为基础、以尊重自然规律为前提、以可持续发展为目标的发展方式。

（二）绿色发展的内涵

绿色发展是新发展理念的重要组成部分，实质在于人与自然和谐共生的发展。生态、生产、生活是构成绿色发展的三大要素，发展绿色生态、绿色生产、绿色生活，实现生态美丽、生产美化、生

---

① 习近平.高举中国特色社会主义伟大旗帜　为全面建设社会主义现代化国家而团结奋斗[J].求是，2022(21)：26.

② 庄贵阳，薄凡.生态优先、绿色发展的理论内涵和实现机制[J].城市与环境研究，2017(1)：14.

活美好是其基本内涵。[1] 绿色发展代表了当今科技和产业变革的方向，是实现高质量发展的必由路径。一方面，绿色发展是可持续发展战略的具体化，既指存量经济的绿色化升级，也要求发展绿色增量经济。另一方面，绿色发展是高质量发展的核心要义，是衡量经济发展是否达到高质量的重要维度，也是构建高质量现代化经济体系的必然要求。绿色发展的重点在于要将其内化在经济转型升级过程中，构建绿色的生产、生活、生态体系，加快形成资源节约、环境友好的空间格局、产业结构、生产方式和生活方式，实现经济、社会和生态的可持续发展。[2]

（三）生态优先、绿色发展与"绿水青山就是金山银山"

生态优先、绿色发展是习近平同志"绿水青山就是金山银山"理念的精髓。首先，从"绿水青山就是金山银山"理念的内涵来看，它体现了三个相互关联的科学内涵，一是强调作为"金山银山"的自然生态重要性；二是揭示了保护生态与发展经济的统一性，保护生态就是保护生产力，就是发展经济；三是蕴含了生态优势向经济优势转化的可行性与必要性。该理念不仅体现了生态文明与生态优先的思想，也体现了绿色发展和可持续发展的信念，深刻阐明了生态效益和经济效益、生态优先和绿色发展是互为依存、相互统一的关系，同时还指明了"绿水青山"成为"金山银山"发展命题的内在逻辑顺序，即在优先保护生态环境的基础上得以实现绿色发展。其次，从"绿水青山"向"金山银山"转化的实践经验来看，安吉余村的蝶变正是将"绿水青山就是金山银山"理念转化为实践的开始与缩影，党的十八大以来，在习近平生态文明思想的指导下，全国各

---

① 黄娟.生态优先、绿色发展的丰富内涵[N].中国社会科学报，2018-08-30(01).

② 刘庆莹.绿色发展理念的内涵与价值解读[J].西部学刊，2021(21)：15-17.

地坚定不移地贯彻绿色发展理念，经济发展质量不断优化，“绿水青山”逐渐转化为“金山银山”。从余村到全中国，“绿水青山就是金山银山”理念在中华大地上书写着更多绿色发展的新篇章，“绿水青山就是金山银山”的生动实践经验充分表明，善待生态、敬畏生态、保护生态，坚持生态优先，实质上就是保护先进生产力，是绿色发展和高质量发展之必需，是实现人民美好生活的必由之路。由此可见，生态优先、绿色发展秉承了“绿水青山就是金山银山”理念的核心思维，充分体现了生态保护和经济发展辩证统一的关系，是习近平总书记“绿水青山就是金山银山”理念的精髓和生态文明思想的核心所在，更是“绿水青山”向“金山银山”转化的实现路径。

第三节　生态优先、绿色发展的重大意义

从浙江生态省建设到美丽中国建设，习近平总书记关于生态文明建设的理念从形成发展到丰富完善的内在逻辑得以凸显。党的十八大以来，以习近平同志为核心的党中央把生态文明建设作为统筹推进“五位一体”总体布局和协调推进“四个全面”战略布局的重要内容，党的十九大报告明确提出，“建设生态文明是中华民族永续发展的千年大计。党的二十大报告提到，“推进美丽中国建设，坚持山水林田湖草沙一体化保护和系统治理，统筹产业结构调整、污染治理、生态保护、应对气候变化，协同推进降碳、减污、扩绿、增长，推进生态优先、节约集约、绿色低碳发展”[①]。可见，生态文明建设历来与经济、社会发展相伴相生、相互促进，并且不断深

① 习近平. 高举中国特色社会主义伟大旗帜　为全面建设社会主义现代化国家而团结奋斗[J]. 求是，2022(21)：26.

化实践。必须树立和践行绿水青山就是金山银山的理念,坚持节约资源和保护环境的基本国策,像对待生命一样对待生态环境,统筹山水林田湖草系统治理,实行最严格的生态环境保护制度,形成绿色发展方式和生活方式,坚定走生产发展、生活富裕、生态良好的文明发展道路,建设美丽中国,为人民创造良好生产生活环境,为全球生态安全作出贡献”。2018 年全国生态环境保护大会又将生态环境建设的意义在表述上提升为“根本大计”。总之,生态优先、绿色发展成为习近平生态文明思想和习近平新时代中国特色社会主义思想的重要组成部分,是关于生态文明建设的科学论述。[①]

一、生态优先、绿色发展在“绿水青山就是金山银山”理念和习近平生态文明思想中的重要地位

习近平总书记多次强调生态优先、绿色发展,这不仅仅体现在党的十八大以来习近平总书记关于生态文明建设的重要论述中,也体现在党的十八大以前习近平同志在地方工作期间的有关论述中,而且体系非常完善,主线非常明确,相关文献很丰富。可以说,生态优先、绿色发展是“减贫富民强国、构筑美丽中国梦”的一种形象化表述,是社会主义生态文明观的一种形象化表达,也是当下治国理政核心理念的一种形象化表达。它强调的是通过大力推进社会主义生态文明建设,在逐渐解决当前所面临的严峻生态环境难题的同时,找到一条减贫富民、通向中国特色社会主义的人与自然和谐、社会与自然和谐,实现富民强国、美丽中国伟大梦想的新型现实道路。

---

① 黄娟.“生态优先、绿色发展”新道路的提出依据与重大意义[J].湖湘论坛,2020,33(4):5-15.

“绿水青山就是金山银山”理念是习近平生态文明思想最具代表性的论述之一，是习近平总书记反复倡导的社会主义生态文明观的具体追求，也是生态优先、绿色发展的集中体现。马克思主义自然生态观的核心是人与自然和谐相处的生态观，它不仅明确了人在自然界中所扮演的角色，而且还深刻地阐明了人与自然的本质关系和实现形式。可以说，“绿水青山就是金山银山”理念是一种“生态文化”，这一“生态文化”实践开创了中国化马克思主义生态文明理论新阶段，也标志着习近平生态文明思想的萌发。马克思主义的经典作家虽然未专门创立生态文明思想体系，但他们的经典著作都包含了马克思主义关于人与自然关系的基本观点。马克思和恩格斯提出了一些基本的生态思想：人与自然的和谐统一关系被资本主义私有制“异化”了，共产主义社会是真正实现人与自然高度和谐统一的社会。“人—自然—社会”的辩证统一，是一个由“异化”到扬弃、由对立到和谐的历史性过程。作为自由人联合体的共产主义社会是人与自然本质统一、彻底和谐的自由王国。“这种共产主义，作为完成了的自然主义，等于人道主义，而作为完成了的人道主义，等于自然主义，它是人和自然界之间、人和人之间的矛盾的真正解决。”[①]然而，从资本主义的人与自然“异化”对抗的状况如何走向共产主义的彻底“和解”状态？在社会主义社会如何构建和实现人与自然的和谐发展？显然，“绿水青山就是金山银山”理念以中国化的形式回答了上述问题，即在特定的社会主义社会中，如何实现人与自然的和谐统一、经济发展与环境保护的和谐统一，而生态优先、绿色发展体现了中国方案和中国智慧，是人类社会实现绿色发展的共同财富。

---

① 马克思.1844年经济学哲学手稿[M].北京：人民出版社，2018：78.

党的十八大以来,习近平总书记创造性地提出一系列新理念、新思想、新战略,在卓越的理论创新和重大成就的厚实基础上,水到渠成,诞生了系统科学、逻辑严密的习近平生态文明思想。我国生态文明建设和生态环境保护从认识到实践之所以发生历史性变革,取得历史性成就,正是归因于习近平生态文明思想的科学指引。习近平生态文明思想是习近平新时代中国特色社会主义思想的有机组成部分,生态优先、绿色发展是习近平总书记"绿水青山就是金山银山"理念的精髓和习近平生态文明思想的核心所在。这一思想和理念从根本上回答了什么是生态文明和美丽中国、为什么要建设生态文明和美丽中国。正是以此为基础,习近平总书记在继承改革开放以来邓小平理论、"三个代表"重要思想和科学发展观关于中国特色社会主义现代化建设必须促进人与自然和谐、加强生态环境保护、实现可持续发展等一系列思想的基础上,提出了科学的习近平生态文明思想体系。其主要内容包括:坚持人与自然和谐共生的生态本质论;树立"尊重自然、顺应自然、保护自然"的生态价值观;坚持"良好的生态环境就是最普惠的民生福祉"的生态民生观;坚持"生态兴则文明兴"的生态文明观;坚持"保护环境就是保护生产力"的生态生产力论;树立生态文明建设是功在当代的民心工程的生态德政观;树立"山水林田湖草是一个生命共同体"的生态整体观;"形成绿色发展方式和生活方式"的生态发展观;坚持节约优先、保护优先、自然恢复为主的方针;把生态文明建设融入经济建设、政治建设、文化建设、社会建设各方面和全过程的生态总体论;用最严格制度、最严密法治保护生态环境的生态法治论;"共谋全球生态文明建设之路"的生态全球观。习近平生态文明思想体系不仅推进发展了马克思主义的生态文明思想,而且推进发展了马克思主义的现代文明观，从根本上创立了中国化的马克思主义生态文明理论和文明发展理论。

二、生态优先、绿色发展在美丽中国发展目标中的重要地位

党的十八大报告不仅首次单篇论述了生态文明，而且首次把“美丽中国”作为未来生态文明建设的宏伟目标，把生态文明建设摆在总体布局的高度来论述：“我们一定要更加自觉地珍爱自然，更加积极地保护生态，努力走向社会主义生态文明新时代。”“把生态文明建设放在突出地位，融入经济建设、政治建设、文化建设、社会建设各方面和全过程，努力建设美丽中国，实现中华民族永续发展。”①这是作为地方性知识的绿色发展理念在中国的普适性发展，也表明我们党对中国特色社会主义总体布局认识的深化，把生态文明建设摆在“五位一体”的高度来论述，彰显出中华民族对子孙、对世界负责的精神。在中国共产党第二十次全国代表大会上所作的报告中，习近平总书记再次强调了美丽中国建设的工作要求，明确指出“我们要推进美丽中国建设，坚持山水林田湖草沙一体化保护和系统治理，统筹产业结构调整、污染治理、生态保护、应对气候变化，协同推进降碳、减污、扩绿、增长，推进生态优先、节约集约、绿色低碳发展”②。

什么是“美丽中国”？如何实现“美丽中国”？生态优先、绿色发展回答了这样两个重大问题。“美丽中国”的“美丽”，体现在“绿水青山”和“金山银山”的交相辉映，体现在物质文明与精神文明的

---

①　胡锦涛.坚定不移沿着中国特色社会主义道路前进　为全面建成小康社会而奋斗：在中国共产党第十八次全国代表大会上的报告[R/OL].(2012-11-08)[2022-10-05].https://www.12371.cn/2012/11/18/ARTI1353183626051659_all.shtml.

②　习近平.高举中国特色社会主义伟大旗帜　为全面建设社会主义现代化国家而团结奋斗[J].求是,2022(21):26.

和谐并奏。“建设美丽中国”,就是通过生态文明建设,融入经济发展、政治文明、文化繁荣以及社会和谐,这是极具生存论智慧而又落实到实践的全新思想。生态优先、绿色发展理论及其实践,体现了“建设美丽中国”的本质规律,指明了生态文明建设的根本道路,同时也是全面建成小康社会的重要路径。可以说,生态优先、绿色发展是以民族化、大众化的形式,开创了“建设美丽中国”和生态文明的新阶段和新境界。

习近平总书记关于生态优先、绿色发展的相关论述在新时代具有重大意义,它不仅是中国建设生态文明和美丽中国的指针,而且也是引领推进全球生态治理、环境保护的重要指针,是共谋全球生态文明建设、维护全球生态安全的重要指导思想,其中最重要地体现在“绿水青山就是金山银山”的发展观上。习近平总书记在2016年9月3日G20工商峰会开幕式上的主旨演讲中提到:“我多次说过,绿水青山就是金山银山,保护环境就是保护生产力,改善环境就是发展生产力。这个朴素的道理正得到越来越多人的认同。”[①]国际可再生能源署总干事阿德南·阿明说:“我非常赞赏中国国家主席习近平提出的‘绿水青山就是金山银山’的绿色发展理念。借用这句话,我想说,可再生能源也是金山银山。能源转型不仅仅是能源行业的转型,更是整个经济的转型,能够带来新的机遇,创造更多的就业机会,增加人们的收入。”[②]2016年,联合国环境规划署发布《绿水青山就是金山银山:中国生态文明战略与行动》报告。显然,“绿水青山就是金山银山”理念在今天不仅是中国

---

① 习近平.中国发展新起点　全球增长新蓝图[N].人民日报,2016-09-04(3).

② 廖政军,庄雪雅,吴乐珺,等.国际社会积极评价中国生态文明建设成果[N].人民日报,2017-10-24(2).

的，也是世界的，它正得到越来越多国家的熟知和认同，越来越成为一个国际性的生态文明重要理念，正为推动全球环境治理和生态文明建设发挥越来越重要的作用。

三、生态优先、绿色发展在全面建成小康社会中的重要地位①

生态优先、绿色发展与全面建成小康社会是相互推进的关系，是“你中有我、我中有你”的关系。生态优先、绿色发展的最终目的就是提高老百姓的获得感，高水平全面建成小康社会。而“绿水青山就是金山银山”理念的价值取向，就是要推进生态优先、绿色发展，把人民对美好生活的向往作为奋斗目标。从本质上讲，生态优先、绿色发展的宗旨，“五化协同”的现代化战略，美丽中国的发展目标与“绿水青山就是金山银山”理念都是一脉相承的。

全面建成小康社会必须走生态优先、绿色发展的文明之路。生态优先、绿色发展是贯彻“绿水青山就是金山银山”理念最核心的实现路径，即必须走生产发展、生活富裕、生态良好的文明发展之路。这对全面建成小康社会的指导意义在于：在目标上，必须把生态优美确立为基本目标，实现天蓝、水净、地绿、民富，既要生产发展、物质富裕，也要生态优美、生活舒适和精神富有，使全国人民过上物质富裕、精神富有、身心愉悦、幸福安康、尊严体面的生活，坚持“五位一体”总体布局和协同推进。在理念上，牢固树立生态优先的根本价值取向和发展理念，“崇尚创新、注重协调、倡导绿色”，使创新、协调、绿色发展成为人人遵循、时时谨守的发展原则和指导思想。在规则上，必须强化生态约束，把生态保护、生态指标和生态文明纳入全面建成小康社会和经济社会发展的方方面

---

① 钭利珍，顾金喜. 习近平“两山”思想的逻辑体系及其当代价值[J]. 中共天津市委党校学报，2018，20(1)：38-44.

面,把发展严格限定在生态约束的轨道上。在发展路径上,必须用强有力的生态约束机制倒逼企业和产业升级,加快调整经济结构和优化产业布局,实现生态和经济协调并进,坚定走绿色发展、循环发展、低碳发展、清洁发展之路。在发展阶段上,必须"遵循经济规律科学发展,遵循自然规律可持续发展",必须向集约型、节约型、环境友好型发展阶段转变。

全面建成小康社会必须各个系统协同推进。生态优先、绿色发展蕴含着人与自然、人与人、人与社会、区域与区域协调发展的思维,它关注的是广大人民群众的根本利益和长远利益,反映的是生态公平论和环境正义论,这与全面建成小康社会具有高度的一致性。众所周知,全面建成小康社会之所以是"全面的",就在于它是系统的、协调的,必须实现各个系统、各个领域、各个区域、各个阶层的协调发展。从发展布局来看,全面小康社会是"五位一体"的总体布局。倘若经济建设、政治建设、社会建设、文化建设和生态文明建设不协调、不平衡、不可持续,必然导致各个子系统、各领域及区域之间发展失衡,制约全面小康社会目标的实现。因而,必须自觉地把统筹兼顾作为全面建成小康社会的根本方法,努力提高统筹兼顾、协调发展的能力和水平,促进现代化建设各方面如生产关系与生产力,上层建筑与经济基础,不同区域、不同领域以及不同社会阶层之间协调发展,高度重视不同系统、要素之间以及系统内部的协同、整合与优化,大力推进区域、城乡、人与自然的协调发展,确保全面建成小康社会、开启社会主义现代化建设新征程。

全面建成小康社会必须走普惠式发展之路。良好的生态环境具有普惠性的特点,从生态优先、绿色发展出发,全面建成小康社会必须走普惠式发展之路,发展成果由全体人民共享。生态优先、绿色发展是美丽中国建设的理念渊源，美丽中国则是人类命运共同体的有机组成部分，通过美丽中国这个现实纽带，生态优先、绿色发展与人类命运共同体紧密地联系到一起。首先，必须建设“生态优美、如诗如画”的美丽中国。自然本身是自在的，它不依赖于人也不受制于人，反而对人具有最终的决定性。在实践意义上，人化自然是人有目的、有意识地运用工具改造自然，使自然体现人类主观意志的过程，人的主体能动性活动对自然具有超越性，但这种超越性不能肆无忌惮地破坏自然，“涸泽而渔，焚林而猎”最终的结果必然是生态系统的破坏。因此，全面小康社会必须不断优化生态环境，实现生态美、“自然美”，并实施生态经济化战略，着力打造生态品牌，加强生态产业集群化、规模化发展，提升生态惠民、生态富民的实际效果，推进绿色中国、美丽中国的建设。其次，发展成果必须惠及人民群众。良好的生态环境本身具有普惠性的特点，随着生态环境的优化，生态的经济正外部效应不断溢出，将形成“人人受益，普遍共享”的包容性增长态势，发展成果由生态系统内所有人民共享。因此，从习近平总书记的生态民生观出发，全面建成小康社会是遵循社会规律的包容性增长、共享式发展，必须坚持发展为了人民、发展依靠人民、发展成果由人民共享，实现从少数人占有社会发展大多数财富的“少数先富”阶段向绝大多数人共享改革开放成果的“多数共富”阶段转变，使全体人民在共建共享发展中公平分享更多的发展成果，增强发展动力，朝着共同富裕方向稳步前进。以人民福祉发展为根本落脚点和出发点，处理好生态发展成果在不同群体之间的分配问题，坚守生态正义和环境保护的底线，杜绝环境污染以及生态冲突问题的出现。

四、生态优先、绿色发展在中国式现代化建设中的重要地位

2015 年 10 月 29 日，中国共产党第十八届中央委员会第五次

全体会议通过的《中共中央关于制定国民经济和社会发展第十三个五年规划的建议》指出,“实现‘十三五’时期发展目标,破解发展难题,厚植发展优势,必须牢固树立创新、协调、绿色、开放、共享的发展理念”,进一步回答了“实现什么样的发展,怎么发展”这一建设中国特色社会主义的核心问题。《人民日报》在2015年11月9日发表题为“坚定不移贯彻五大发展理念　确保如期全面建成小康社会”的文章。作为五大发展理念之一的绿色发展理念,其实就是从区域性实践和探索的“绿水青山就是金山银山”理念发展而来的,“绿水青山就是金山银山”理念是对生态优先、绿色发展的形象概括,生态优先、绿色发展是对“绿水青山就是金山银山”理念的深化,“绿水青山就是金山银山”理念升华为生态优先和绿色发展,已经成为全党认同、全民认同、普同性的发展理论。[①]

生态优先、绿色发展以绿色化为引领,符合世界现代化发展趋势,着力于实现经济社会发展与环境保护共赢的环境友好型绿色发展,是当今世界主导性的绿色或可持续发展理论话语和范式。从理论上说,绿色发展至少可以从以下三个层面来理解与界定:一是生态可持续的绿色发展,它首要关注的是人类经济与社会发展活动及其后果的生态可持续性。二是环境友好型的绿色发展,它首要关注的是实现经济社会发展与环境保护目标的并重和共赢。三是环境、资源可持续的绿色增长,它首要关注的是使依赖或可掌控的自然生态能够支撑高速发展的经济特别是GDP的增长。[②] 生态优先、绿色发展坚持从人与自然的总体性出发,一方面揭示了保

① 卢国琪.“两山”理论的本质:什么是绿色发展,怎样实现绿色发展[J].观察与思考,2017(10):82.

② 郇庆治.国际比较视野下的绿色发展[J].江西社会科学,2012,32(8):6.

护生态环境与发展经济的辩证统一关系；另一方面鲜活地概括了有中国气派、中国风格和中国话语特色的绿色发展的战略内涵。生态优先、绿色发展是从区域性实践和探索到全党普遍认同的理论，回答了什么是绿色发展、怎样实现绿色发展，是指导中国走上绿色发展道路的科学思想，是对现代绿色经济的一种新的阐释。而浙江“千万工程”以及“绿色浙江”“生态浙江”“美丽浙江”正是生态优先、绿色发展的生动实践和成功经验，形成了符合区域实际的资源节约型和环境友好型的空间格局、产业结构、生产方式，从而为保证浙江区域的生态环境总体质量在全国持续名列前茅作出了积极贡献，为浙江走上生态优先、绿色发展道路树立了现实典范，为建设“美丽中国”提供了实践依据。

在“两个一百年”奋斗目标交汇之际，党的十九大就决胜全面建成小康社会作出部署，明确了从2020年到本世纪中叶分两个阶段全面建设社会主义现代化国家的新奋斗目标。即从2020年到2035年，在全面建成小康社会的基础上，再奋斗15年，基本实现社会主义现代化；从2035年到本世纪中叶，在基本实现现代化的基础上，再奋斗15年，把我国建设成为富强民主文明和谐美丽的社会主义现代化强国。由此可见，生态优先、绿色发展已成为“五大发展理念”、“五位一体”总体布局、“四个全面”战略布局、全面建成小康社会以及社会主义现代化强国等国家制度顶层设计的指导思想和重要组成部分。

随着中国特色社会主义进入新时代，党的十九大报告指出，我国经济已由高速增长阶段转向高质量发展阶段，正处在转变发展方式、优化经济结构、转换增长动力的攻关期，建设现代化经济体系是跨越关口的迫切要求和我国发展的战略目标。习近平总书记指出,绿色发展是构建高质量现代化经济体系的必然要求,是解决污染问题的根本之策。他明确提出了"人与自然和谐共生的现代化"与"人与自然和谐发展现代化"的命题目标,从而更加凸显了人与自然和谐共生发展,生态优先、绿色发展的高质量发展之路是中国特色社会主义现代化的内在本性和有机内容,凸显了中国特色社会主义生态文明的本质特征,不仅丰富了中国特色社会主义生态文明的思想理论,而且对中国特色社会主义生态文明建设实践具有重要的指导意义。

生态优先、绿色发展正主导着新时代中国的现代化发展,在该理念指引下,中国正呈现出人与自然和谐共生的现代化景象。正如联合国前副秘书长、联合国环境规划署前执行主席埃里克·索尔海姆所说:"十九大将确定中国国家主席习近平在推进生态文明建设上的努力。就像习近平主席说的,绿水青山就是金山银山,这份努力将让中国经济朝着更加绿色、可持续的方向发展。"①

第四节　生态优先、绿色发展的相互关系

在生态优先、绿色发展的相互关系方面,习近平总书记作了这样的阐释:"共抓大保护和生态优先讲的是生态环境保护问题,是前提;不搞大开发和绿色发展讲的是经济发展问题,是结果;共抓大保护、不搞大开发侧重当前和策略方法;生态优先、绿色发展强调未来和方向路径,彼此是辩证统一的。"②生态优先、绿色发展是

---

① 廖政军,庄雪雅,吴乐珺,等.国际社会积极评价中国生态文明建设成果[N].人民日报,2017-10-24(2).

② 习近平.论坚持人与自然和谐共生[M].北京:中央文献出版社,2022:215.

一个系统性的体系，是“绿色发展理念”的核心内容，为深化其认识，必须把握好生态优先、绿色发展之间的相互关系。守不住生态优先的底线，就做不好绿色发展的文章。生态优先、绿色发展无论是从思维、内容维度看，还是从目标、时间维度看，二者都是互为依存、相互统一的关系。

从思维维度来看，生态优先、绿色发展蕴含底线思维、发展思维和转化思维，这三大思维是其发展精髓。首先，两者的底线思维体现在经济发展绝不能以牺牲生态环境为代价，以牺牲生态环境为代价来换取经济利益的发展模式是不可取的；尤其在现阶段，我国已经完成消除绝对贫困的艰巨任务，已进入全面小康社会的新阶段，并正在向第二个百年奋斗目标迈进，守住“生态优先”是底线。其次是两者的发展思维，坚持底线思维并不是要放弃发展，而是要追求高质量发展。生态环境本身就是财富，是实现发展的基础和源泉。在美好生活已成为人民日益增长的需要的背景下，在全社会开始追求共同富裕的新阶段，坚持底线思维就是为了实现更平衡、更充分和更高质量的发展，绿色发展的核心就是实现可持续发展、高质量发展和高效生态的现代化发展。再次是两者的转化思维，人类社会在自身发展的阶段中，也会出现守着良好生态环境却处于贫穷的状态，这表明坚持生态优先、绿色发展，实现“绿水青山”向“金山银山”转化是关键，通过转化，使“绿水青山”成为“金山银山”，不坚守保护生态环境的底线思维，“绿水青山”就难以永续化；如果生态环境只保护不发展，“绿水青山”也难以成为具有经济意义和市场价值的“金山银山”。因此，必须在生态优先的基础上，进行绿色发展，才能实现“绿水青山就是金山银山”的愿景。

从内容维度来看，两者不可偏废，本质上体现了生态效益、经济效益和社会效益的有机统一。首先,生态优先是绿色发展的前提条件与基本准则,良好的生态环境是人赖以生存和发展的基础。其次,经济发展是生态环境保护的有力支撑和内生动力,绿色发展既是指导改革的发展理念,也是推动经济优先向生态优先发展模式转变的现实路径。生态优先、绿色发展体现了三个层次相互关联的科学内涵:一是强调了自然生态优先发展的重要性,要牢固树立生态优先发展的价值导向;二是揭示了保护生态与发展经济的统一性,保护生态环境就是保护生产力,就是发展经济,要将资源生态优势转化为经济社会发展优势;三是蕴含了资源生态优势向经济社会发展优势转化的可行性与必要性,这为具有资源生态优势的欠发达地区的发展指明了方向。坚持生态优先、绿色发展,就是要在发展过程中,将环境保护作为可持续发展的基础,坚决摒弃“高投入、高污染、高消耗、低效率”的传统生产方式,构建绿色、循环、低碳的新发展格局,从而实现经济、社会和生态环境三者的协调发展。

从目标维度来看,二者目标具有一致性。生态优先、绿色发展的首要目标是破解当前社会主要矛盾,补齐生态环境发展过程中的“短板”,推动形成绿色发展方式和生活方式,满足人们对美好生活的需要,最终提高整个社会的生态效益和经济效益。促进全面建成小康社会目标的实现,协同推进人民富裕,实现美丽中国建设目标。从内容上看,生态优先、绿色发展是相辅相成的,二者相互关联,互为支撑。一方面,生态优先发展是绿色发展的保障和前提。第一,遵循生态系统的动态平衡和自然资源的再生循环两大生态规律优先发展,是发展的基本条件。第二,只有把生态保护绿色发展置于最优先位置,才能发挥生态环境的功能,为发展创造有力的空间。第三，在遵循生态效益优先发展的前提下，通过发展绿色循环经济，可以促进产业结构的调整和产业布局的优化，使人们养成绿色的生产和生活方式进而改善生态环境，提升全体人民福祉。生态优先发展可以更好地实现绿色发展，从而助力经济发展。加大环境治理和保护力度，加快生态绿化建设，可以形成绿色生产方式和生活方式，促使生态环境质量不断提升，可以为绿色发展提供更大空间。另一方面，绿色发展也可以助力生态优先发展。牢固树立生态优先发展的理念，创新发展模式，将生态环境作为经济社会发展的必要因素，将其纳入社会生产活动发展的全过程，是实现绿色发展的重要途径之一。而要想实现绿色发展，也必须要考虑生态环境条件，清楚地认识到目前我们面临的生态约束条件有哪些，进行精准判断，融合国家发展战略，立足区域发展战略，进一步明确发展方向，进行合理的规划布局，使地方发展与地方环境承载力相协调，从而实现绿色、可持续发展。

从时间维度来看，短期而言，虽然加强生态环境保护，可能会给一些地方的经济发展带来一定的压力，但归根到底，这种压力来源于产业结构和布局的不合理、生态环保机制不健全等问题，归根结底是因为没有正确认识和处理好经济发展与环境保护关系的问题。因此，正确认识生态优先、绿色发展，有助于地方政府及时调整产业结构布局，精准施策，实现绿色、可持续发展。长期而言，生态优先发展可以创造更大的经济效益。首先，从生态环保的角度看，生态优先发展在资源的循环利用和能源的消耗上，都体现出了节约的思想，节约和循环利用本身就会产生一定的经济效益。其次，在追求产业生态化的过程中，会对产业结构和布局进行合理的调整，会产生一定的经济效益。目前我国经济发展已由高速增长阶段转向高质量发展阶段,需要跨越一些障碍性的制约因素。如果生态发展问题不能从源头上得到解决,那么经济发展也必将面临一些问题。因此,必须处理好生态环境保护和经济发展之间的关系,在做好生态环境保护的同时,也要确保经济稳定发展,追求经济效益。

正如习近平总书记强调的:"要保持加强生态文明建设的战略定力。保护生态环境和发展经济从根本上讲是有机统一、相辅相成的。不能因为经济发展遇到一点困难,就开始动铺摊子上项目、以牺牲环境换取经济增长的念头,甚至想方设法突破生态保护红线。"[①]这就要求我们始终坚持生态优先、绿色发展,不断践行"绿水青山就是金山银山"理念,正确处理生态环境保护与经济发展之间的关系,坚持从两个方面同时发力,促进两者协调发展。在正确认识和处理生态环境保护与绿色发展的关系上,要时刻注意把握好两个原则:一是经济的发展绝不能以牺牲生态环境为代价,要在保护生态环境的基础上推动经济高质量发展;二是在生态环境治理的过程中,要因地制宜制定环保政策,避免"一刀切",牢固树立经济平稳发展运行底线,坚持做到在经济发展中保护生态环境,在生态环境保护中发展绿色经济。

◆◆ 本章小结

生态优先、绿色发展是在资源环境与经济发展矛盾不断加剧,经济从粗放型增长向集约型发展转型背景下形成和强化的。生态优先集中体现了生态规律、生态资本和生态效益优先三个层次,将生态环境保护放在优先地位,建立可持续发展模式。绿色发展在

① 习近平.论坚持人与自然和谐共生[M].北京:中央文献出版社,2022:227.

于构建绿色的生产、生活、生态体系，实现人与自然和谐共生。生态优先、绿色发展作为习近平生态文明思想的重要组成部分，其实践意义重大，有利于建设生态文明和美丽中国，提高人民群众的获得感，高水平建设全面小康社会以及有效推进中国特色社会主义现代化建设。在两者关系上，生态优先和绿色发展互为依存、相互统一，共同体现生态效益、经济效益和社会效益的有机统一，践行“绿水青山就金山银山”理念，实现经济、社会和生态环境协调发展。

思考题

1. 阐述生态优先、绿色发展的内涵与相互关系。

2. 生态优先、绿色发展对现代化建设与发展有何意义？

拓展阅读

1. 习近平. 论坚持人与自然和谐共生[M]. 北京：中央文献出版社，2022.

2. 习近平. 摆脱贫困[M]. 福州：福建人民出版社，2014.

3. 中共中央文献研究室. 习近平关于社会主义生态文明建设论述摘编[M]. 北京：中央文献出版社，2017.

4. 浙江省习近平新时代中国特色社会主义思想研究中心. 习近平新时代中国特色社会主义思想在浙江的萌发与实践[M]. 杭州：浙江人民出版社，2021.

5. 浙江省习近平新时代中国特色社会主义思想研究中心. 习近平科学的思维方法在浙江的探索与实践[M]. 杭州：浙江人民出版社，2021.

6. 王宇飞，刘昌新. 生态文明与绿色发展实践[M]. 上海：上海科学技术文献出版社，2021.

7. 沈满洪. 绿色浙江——生态省建设创新之路[M]. 杭州:浙江人民出版社,2006.

我们追求人与自然的和谐，经济与社会的和谐，通俗地讲，就是既要绿水青山，又要金山银山。

我省"七山一水两分田"，许多地方"绿水逶迤去，青山相向开"，拥有良好的生态资源。如果能够把这些生态环境优势转化为生态农业、生态工业、生态旅游等生态经济的优势，那么绿水青山也就变成了金山银山。绿水青山可带来金山银山，但金山银山却买不到绿水青山，绿水青山与金山银山既会产生矛盾，又可辩证统一。在鱼和熊掌不可兼得的情况下，我们必须懂得机会成本，善于选择，学会扬弃，做到有所为、有所不为，坚定不移地落实科学发展观，建设人与自然和谐相处的资源节约型、环境友好型社会。

——摘自《绿水青山也是金山银山》[①]

第二章 生态优先、绿色发展的浙江"绿水青山就是金山银山"理念践行

本章要点

1. 粗放型经济优先发展方式让走在改革开放前列的浙江面临着国内外市场约束、资源要素短缺和生态环境压力等诸多瓶颈制约。为了实现以生态优先为导向的高质量发展，浙江以"腾笼换鸟、凤凰涅槃"的理念推进经济结构战略性调整和增长方式根本性转变，为推进经济转型升级、实现又好又快发展提供了浙江实践模式。

① 习近平．绿水青山也是金山银山[M]//习近平．之江新语．杭州：浙江人民出版社，2022：153.

2. 浙江在践行“绿水青山就是金山银山”理念的过程中,逐步探索并形成了三种各具特色的绿色发展模式:一是城乡融合的绿色提升模式;二是优势后发的绿色跨越模式;三是治理倒逼的绿色重振模式。湖州、丽水、金华三地作为这三种模式的典型代表,较好地推动了浙江生态文明建设不断迈上新台阶,实现绿色生产力观和经济观的新突破。

3. 美丽浙江是浙江坚持生态优先、绿色发展的理想追求,体现为先进的生态文化、发达的生态产业、绿色的消费模式、永续的资源保障、优美的生态环境、宜人的生态社区等要素的和谐统一。

“绿水青山就是金山银山”理念是习近平同志于 2005 年 8 月 15 日在浙江安吉余村首次提出的重要论述。十多年来,“绿水青山就是金山银山”理念从实践到认识,再到新的实践、新的认识,展现出强大的引领力和持久的生命力,已经成为全党全社会的共识和行动,成为习近平生态文明思想和新发展理念的重要组成部分。生态优先、绿色发展秉承“绿水青山就是金山银山”理念的核心思维,充分体现了保护生态环境和实现经济发展辩证统一的关系。作为“绿水青山就是金山银山”理念的诞生地,浙江历届省委、省政府始终牢记习近平总书记的殷殷嘱托,在“八八战略”的指引下,坚定不移地沿着这一科学理念指引的方向砥砺前行,促进经济优先发展向生态优先发展的稳步跨越。各市积极以生态优先、绿色发展作为践行“绿水青山就是金山银山”理念的行动指南,大力发展生态经济,在实践过程中涌现了许多创新举措和实践案例,实现了绿色生产力观和经济观的新突破,走出了一条“生态美、产业绿、百姓富”的共建共享美丽浙江的可持续发展之路。生态优先、绿色发展在浙江大地不断实践、丰富、发展的历程，以丰富的“浙江素材”“浙江实践”向世界讲述了一个“绿水青山”变成“金山银山”的生动的中国故事。

第一节　经济优先发展到生态优先发展：绿色发展自然观和价值观的新转变

改革开放以来，随着浙江经济的持续高速增长，资源要素制约和环境污染逐渐加剧，发展的质量和效率问题日益突出。转变经济发展方式，加快形成节约资源和保护环境的产业结构、生产方式和生活方式，走出一条以生态优先、绿色发展为导向，从“腾笼换鸟、凤凰涅槃”到高质量发展的新道路，已成为浙江增强可持续发展能力的重点。

在经济建设初期，浙江工业的蓬勃发展主要依靠低成本生产扩张战略，经济增长方式粗放，生产要素利用效率低，资源和环境的代价大。随着消费需求的不断释放和升级，市场供需格局发生了根本性的变革，曾经那种以高投入、快扩张为特征的发展方式日渐失去了市场条件，发展方式转变的内在动力已经形成。进入21世纪以后，浙江经济增长面临着国内外市场约束、资源要素短缺和生态环境压力等诸多瓶颈制约，进一步转变发展方式、优化经济结构、推进经济转型，是当时的迫切任务。

习近平同志调任浙江工作后，在深刻总结浙江生态建设的“现有优势”和“潜在优势”的基础上，在2002年12月提出要“要以建设‘绿色浙江’为目标，以生态省建设为载体和突破口，走生产发展、生活富裕、生态良好的文明发展之路”[①]。2003 年 6 月,浙江启动了以整治并改善村庄环境为重点的“千万工程”(即“千村示范、万村整治”工程),又于 2003 年 7 月提出了引领浙江发展、推进各项工作的总纲领——“八八战略”,把打造“绿色浙江”纳入“八八战略”,为了实现高质量发展,创造性地提出了“腾笼换鸟、凤凰涅槃”重要论述。2003 年,浙江成为全国生态省建设试点省份,在习近平同志的推动下,浙江充分发挥现有生态优势,以生态省建设为主突破口,主动开启经济转型升级的新篇章,掀起了一场全方位、系统性的绿色变革。2005 年 11 月,习近平同志在《浙江日报》“之江新语”专栏发表了《转变经济增长方式的辩证法》一文,提出“我们应有充分的思想准备,在制定有关政策、确定有关举措时把握好度,掌握好平衡点,既要防止经济出现大的波动,更要坚定不移地推进经济增长方式转变,真正在‘腾笼换鸟’中实现‘凤凰涅槃’”[②]。2010 年 3 月,浙江正式被批准为我国首个转变经济发展方式试点省,在全国率先开始转变经济发展方式,朝着三个根本性转变的目标迈进,即从产品的价格优势向技术优势的根本转变,从劳动、资金密集型产业及产业集群向技术密集型产业及产业集群的根本转变,从资源消耗、环境破坏型经济社会向资源集约、环境友好型经济社会的根本转变。

为了加快转变粗放型经济增长方式,实现以生态优先为导向的高质量发展,浙江大胆创新,以“腾笼换鸟、凤凰涅槃”发展思路推进产业结构调整和发展方式转变,以“跳出浙江发展浙江”的思

---

① 习近平. 生态兴则文明兴——推进生态建设 打造“绿色浙江”[J]. 求是,2003(13):42.

② 习近平. 之江新语[M]. 杭州:浙江人民出版社,2022:159.

路不断拓展发展空间，大力实施“八八战略”等，不断深化改革破除体制障碍，创新举措破解发展难题。“腾笼换鸟、凤凰涅槃”这一理念逐渐发展成为推动经济结构调整和增长方式转变的根本遵循，成为浙江经济发展的“指南针”。所谓“腾笼换鸟”，就是要跳出浙江发展浙江，根据统筹全国区域发展的要求，积极参与区域合作，为浙江产业升级腾出发展空间；并坚持“走出去”和“引进来”相结合，引进优质的外资促进产业结构的调整，有效衔接国际市场。所谓“凤凰涅槃”，就是要摒弃粗放型增长方式，大力提升自主创新能力，建设科技强省、品牌大省，以信息化带动工业化，打造先进制造业基地，发展现代服务业，实现产业和企业的浴火重生。① 前者更侧重于摆脱对粗放型增长的依赖，后者则意指主动推进产业结构的优化升级。

在历届省委、省政府的正确领导下，浙江推进“腾笼换鸟、凤凰涅槃”的实践取得显著成效，发展环境逐渐优化，发展空间不断拓展，发展动能日益增强，经济社会发展主要指标位居全国前列，综合实力显著增强。

一是产业层次明显提升。经济增长向依靠投资、消费和出口“三驾马车”共同驱动转变，呈现出现代服务业和高新技术产业加速发展、产业结构加快升级的良好态势，发展方式持续优化。浙江三次产业比例由 2002 年的 8.6∶51.1∶40.3，调整为 2021 年的 3.0∶42.4∶54.6，经济结构以服务业为主体，高新技术、装备制造和战略性新兴产业发展迅速。供给侧结构性改革取得显著进展，仅 2017 年，全省整治了“脏乱差”作坊 4.7 万家，淘汰落后产能企

① 浙江省中国特色社会主义理论体系研究中心.从“腾笼换鸟、凤凰涅槃”到高质量发展[N].浙江日报，2018-07-19(5).

业 2690 家,处置“僵尸企业”404 家,水泥、钢铁等八大高耗能产业比重显著下降,超额完成年度任务。

二是市场主体不断升级。随着以“个转企、小升规、规改股、股上市”为重点的企业升级工程的深入实施,小微企业不断成长壮大,民营企业依靠制度创新、技术创新和管理创新不断做大做强。在“最多跑一次”“四张清单一张网”体制机制改革的推动下,群众创业创新热情高涨,截至 2021 年 3 月底,全省在册市场主体达到 815.97 万户,境内外上市公司达 750 多家。全国工商联发布的“2021 中国民营企业 500 强”中,浙江上榜数为 96 家,连续 23 年蝉联全国第一。

三是区域自主创新能力不断增强。浙江始终坚持把科技创新作为引领发展的第一动力,不断扩大研发投入,研究与试验发展经费支出占生产总值比例由 2002 年的 0.72% 提高到 2020 年的 2.53%,居全国第 4 位;2020 年发明专利授权量 5.0 万件,同比增长 46.9%,居全国第 3 位。根据《中国区域科技创新评价报告(2021)》,浙江综合科技创新水平居全国第 5 位,显著高于全国平均水平。

四是新动能培育成长逐步加快。2021 年,全省以新产业、新业态、新模式为主要特征的“三新”经济增加值约占生产总值的 27.8%,数字经济核心产业增加值 8348 亿元,按可比价格计算比上年增长 13.3%。目前,全省数字经济、平台经济、共享经济等新模式不断发展,线上线下融合、跨境电商、社交电商、智能交通等新业态不断涌现。根据《中国互联网发展报告(2021)》,浙江省互联网发展综合指数居全国第 6 位。

五是开放范围和层次不断优化。对外开放朝着结构优化、深度拓展和效益提升的方向转变。2021 年，全省进出口总值首次超过 4 万亿元，达 4.14 万亿元，进出口总额首次跻身全国前 3 位，全国份额稳中有升，其中，全省出口总额占全国比重达 12.7%；实际利用外资达 183.4 亿美元，规模再创新高，一批全球 500 强企业和著名跨国公司纷纷落户浙江。吉利、万向等一批本土跨国企业积极响应“走出去”战略，在全球范围内配置资源、开拓市场。

六是发展质量持续向好，人民群众生活质量显著提升。城乡居民收入持续增长，城镇居民人均可支配收入由 2002 年的 11716 元增加到 2021 年的 47412 元，农村居民人均纯收入由 4940 元增加到 18931 元。2021 年，全省居民人均可支配收入 57541 元，居全国各省区第 1 位；全省居民人均消费支出 36668 元，居各省区第 1 位。生活环境质量持续改善，2020 年，浙江县级以上城市空气质量六项指标首次全部达标，省控断面Ⅰ～Ⅲ类水质占比提高 3.2 个百分点，城镇垃圾分类覆盖面达 91.5%。

阅读与思考

浙江生态文明建设征程：浙江生态省建设回顾

浙江于 2002 年底提出生态省建设战略，并于 2003 年成为全国生态省建设试点省份，2019 年通过生态环境部组织的国家生态省建设试点验收，建成中国首个生态省。浙江始终坚持“生态立省”方略，从“绿色浙江”“生态浙江”，发展到如今的“美丽浙江”，既是一脉相承又是层层递进，浙江省的生态文明建设，在实践中不断提升，在理念上不断升华。浙江生态文明建设征程大事记如表 2-1 所示。

表 2-1 浙江生态文明建设征程大事记

时间	事件内容
2003 年 3 月 18 日	国家环保总局和浙江省政府联合召开《浙江生态省建设总体规划纲要》论证会,习近平同志亲自参加论证会及新闻发布会,并在会上发表重要讲话。
2003 年 6 月	浙江启动“千村示范、万村整治”工程。
2003 年 7 月 10 日	省委十一届四次全会上,“绿色浙江”成为“八八战略”的重要一条正式提出。
2003 年 7 月 11 日	浙江生态省动员大会召开。
2004 年	围绕八大水系和 11 个设区市的 11 个环保重点监管区的治理,浙江实施第一轮“811”生态环保行动,遏制了环境恶化的趋势。
2005 年 8 月 15 日	习近平同志在安吉县天荒坪镇余村提出“绿水青山就是金山银山”的科学论述。浙江在全国率先出台生态保护补偿制度。
2006 年	省政府安排 2 亿元,对钱塘江源头地区的 10 个市县实行省级财政生态补偿试点。
2007 年	省第十二次党代会聚焦全面建设小康社会,努力实现“环境更加优美,生态质量明显改善,人与自然和谐共处,人民群众拥有良好的人居环境”。
2008 年	开展实施第二轮“811”生态环保行动,基本解决了突出存在的环境污染问题。 省委十二届四次全会提出要站在建设生态文明的高度,把加强生态建设和环境保护、优化人居环境作为全面改善民生的重要内容。
2009 年	出台《浙江省人民政府关于开展排污权有偿使用和交易试点工作的指导意见》和《跨行政区域河流交接断面水质保护管理考核办法》,考核不合格的县市被通报、罚款,并被区域限批。

续　表

时间	事件内容
2010年	开始实施最严格水资源管理制度，并率先在全国建立围填海规划计划管理制度，建立健全节能量交易制度。
2010年6月	省委十二届七次全会通过《中共浙江省委关于推进生态文明建设的决定》，省人大通过决议，将每年6月30日设立为浙江生态日。同时，决定开展“811”生态文明建设推进行动，用5年时间实施第三轮“811”生态环保行动，立体推进生态文明建设。
2010年12月	省委、省政府印发《浙江省美丽乡村建设行动计划（2011—2015年）》，在全国率先开展美丽乡村建设。
2011年	印发《关于健全促进科学发展的领导班子和领导干部考核评价机制的实施意见》等6个文件，按照各地主体功能定位实施分类考核评价，把环境保护标准纳入考核体系，弱化GDP对评价干部实绩所产生的影响。 开始第三轮“811”生态环保行动，推动全省生态文明建设走在全国前列，开始提出“1818”平原绿化行动。
2012年	持续实施“四边三化”行动，即对公路边、铁路边、河边、山边实施洁化、绿化、美化。 省第十三次党代会再次深化布局，从建设“两富”现代化浙江的高度提出坚持“生态立省”方略，加快建设生态浙江。
2013年2月21日	省政府印发《关于在全省开展“三改一拆”三年行动的通知》。
2013年4月	在全省开展清理河道清洁乡村专项行动，对全省河道和农村进行集中整治，形成河道保洁和农村保洁长效机制。
2013年6月	省委、省政府主要领导调研浦阳江，提出“以治水为突破口推进转型升级”。

续　表

时间	事件内容
2013 年 11 月	召开全省“深化千万工程建设美丽乡村”现场会,省委主要领导提出,要以农村生活污水治理为突破口,不断拓展村庄环境整治和美丽乡村建设的内涵和外延,力争用四五年时间把农村污水治理好,加快走出“绿水青山就是金山银山”的发展新路。
2013 年 12 月 23 日	省委常委会会议专题研究“五水共治”,要求从 2014 年起全面开展治污水、防洪水、排涝水、保供水、抓节水等“五水共治”。
2014 年	“五水共治”攻坚战在浙江全面打响。 省委十三届五次全会作出“建设美丽浙江创造美好生活”的决定。
2015 年 2 月 27 日	浙江正式给 26 个欠发达县“摘帽”,不再考核 GDP 总量。
2016 年 1 月	省两会上,浙江作出了“决不把脏乱差、污泥浊水、违章建筑带入全面小康”的庄严承诺。
2016 年 7 月	浙江开启第四轮“811”生态环保行动,引入“建设美丽浙江,创造美好生活”的“两美”理念,首次提出“绿色经济”“生态文化”“制度创新”等新理念。
2016 年 9 月	浙江吹响小城镇环境综合整治行动号角。
2017 年	浙江开展全面剿灭劣Ⅴ类水工作,统筹推进“811”美丽浙江建设行动,实施部省共建美丽中国示范建设。
2017 年 6 月	省第十四次党代会把“着力推进生态文明建设”列为今后五年的七大任务之一,提出坚定不移沿着“八八战略”指引的路子走下去,高水平谱写“两个一百年”奋斗目标的浙江篇章,明确“在提升生态环境质量上更进一步、更快一步,努力建设美丽浙江”目标。省第十四次党代会还作出建设“大花园”的决策部署,谋划实施“大花园”建设行动纲要,使浙江山水与城乡融为一体、自然与文化相得益彰。

续 表

时间	事件内容
2017年7月	省委、省政府印发《浙江省生态文明体制改革总体方案》，提出到2020年，构建起由自然资源资产产权制度、国土空间开发保护制度、空间规划体系、资源总量管理和全面节约制度等八方面组成的生态文明制度体系。
2017年7月24日	出台《浙江省生态文明建设目标评价考核办法》，对各设区市、县(市、区)党委和政府生态文明建设实行年度评价，对各设区市党委和政府生态文明建设目标实行五年考核。
2017年7月26日	发布《浙江省人民政府办公厅关于全面建立生态环境状况报告制度的意见》，要求各级政府向本级人大或人大常委会(乡镇人大主席团)报告生态环境状况和环境保护目标完成情况，推进形成政府自觉履行生态环境保护责任、主动接受人大监督的长效机制。
2017年7月28日	省第十二届人大常务委员会第四十三次会议审议通过并公布了全国首个专门规范河长制内容的地方性法规——《浙江省河长制规定》，以立法的形式，固化浙江河长制先进经验，进一步推进保障河长制实施，促进综合治水工作。
2017年8月	中央第二环境保护督察组进驻浙江，开展为期一个月的环境保护督察。
2017年9月8日	出台《浙江省人民政府办公厅关于建立健全绿色发展财政奖补机制的若干意见》，通过“制度＋政策”的集成创新，支持绿色发展和“大花园”建设。
2017年9月21日	全国生态文明建设现场推进会在浙江省安吉县召开，在推介浙江经验的同时，环境保护部与浙江省签订了《践行“两山”思想建设美丽中国示范区推广水专项科技成果协议》。

续　表

时间	事件内容
2017年10月	全面消除了省控劣Ⅴ类水质断面,实现了2016年全省仅剩的58个县控以上劣Ⅴ类水质断面和2017年初排查出的16455个劣Ⅴ类小微水体全部验收销号,做到了基本消灭劣Ⅴ类水,比国家规定时间提前了3年,更高水平地实现了水环境改善目标。
2018年	省政府召开《浙江省生态文明示范创建行动计划》部署会议。《浙江省生态文明示范创建行动计划》是省第十四次党代会明确的富民强省十大行动计划之一,是未来五年内我省生态文明和美丽浙江建设的总抓手。
2018年5月8日	省委、省政府召开美丽浙江建设领导小组暨省“五水共治”工作领导小组会议。
2018年6月5日	省委、省政府召开全省生态环境保护大会暨中央环保督察整改工作推进会。
2019年	通过生态环境部组织的国家生态省建设试点验收,建成中国首个通过生态省验收的省份。评估报告认为,浙江的生态环境治理和保护处于国际先进水平,其中绿色发展综合得分、城乡均衡发展水平都是全国第一,浙江已在全国率先步入了生态文明建设的快车道,生态文明制度创新和改革深化引领全国,率先探索出一条经济转型升级、资源高效利用、环境持续改善、城乡均衡和谐的绿色高质量发展之路。

主要资料来源:浙江生态省建设十五周年[EB/OL].(2018-07-11)[2022-10-12]. https://www.thepaper.Cn/newsDetaiI_forward_2257597.

第二节　绿水青山就是金山银山：绿色生产力观和经济观的新突破

为了大力推进生态省建设，时任浙江省委书记习近平亲自担任浙江生态省建设工作领导小组组长，并就创建生态省作出了一系列部署。他强调，推进生态建设，打造“绿色浙江”是实施可持续发展战略的具体行动，是增强综合竞争力和国际竞争力的必由之路，是加快全面建设小康社会，提前基本实现现代化的有效途径。[①]生态省建设不局限于生态建设，而是由生态环境保护、生态经济发展、生态文化建设等子系统构成的综合性极强的系统工程，其中生态环境保护是前提，生态经济发展是主线，生态文化建设是引领。

2003年1月，在国家环保总局正式批复浙江为继海南、吉林、黑龙江、福建之后的全国第五个生态省建设试点省份后，习近平同志系统研究和阐述浙江省建设生态省的重大意义、指导思想、总体目标和主要任务，明确提出要坚定不移地实施可持续发展战略，坚持不懈地推进生态省建设，一任接着一任干，一年接着一年抓，努力把浙江率先建设成为经济繁荣、山川秀美、社会文明的生态省。2003年6月，浙江省出台《浙江省人民代表大会常务委员会关于建设生态省的决定》。2003年8月，指导全省生态省建设的纲领性文件《浙江生态省建设规划纲要》正式下发，浙江生态省建设拉开大幕。具体部署实施生态工业与清洁生产、生态农业与新农村环境建设、生态公益林建设、万里清水河道建设、生态环境治理、生态城

① 习近平. 干在实处　走在前列——推进浙江新发展的思考与实践[M]. 北京：中共中央党校出版社，2006：186-188.

镇建设、下山脱贫与帮扶致富、碧海建设、生态文化建设、科教支持与管理决策等“十大重点工程”,开展“811”生态环保行动,明确努力建设以循环经济为核心的生态经济体系、可持续利用的自然资源保障体系、山川秀美的生态环境体系、人与自然和谐的人口生态体系、科学高效的能力支持保障体系等“五大体系”的目标,并将生态省建设任务纳入各级政府行政首长工作目标责任制,对生态建设和环境保护“一类目标”完成情况实行“一票否决制”。

2007 年 6 月,浙江省第十二次党代会明确把生态文明纳入浙江省全面建设小康社会的重要目标,强调“在节约资源保护环境方面实现新突破”,努力实现“环境更加优美,生态质量明显改善,人与自然和谐相处,人民群众拥有良好的人居环境”。同年 11 月,省委十二届二次全会审议通过《中共浙江省委关于认真贯彻党的十七大精神　扎实推进创业富民创新强省的决定》,明确要求全面加强资源节约和环境保护,强调把加强资源节约和环境保护作为转变经济发展方式的突破口。由此,生态文明建设成为“两创”总战略的重要组成部分,并有机融入浙江省改革开放和现代化建设事业。

2008 年初,浙江省政府提出实施“全面小康六大行动计划”,其中“资源节约与环境保护行动计划”的目标是通过 5 年努力,基本确立与社会主义市场经济体制相适应的资源节约和环境保护长效机制,加快形成有利于节约能源资源和环境保护的产业结构、增长方式和消费模式。通过全面深入梳理资源节约、土地节约集约利用和环境保护等三个方面可能采取的政策措施,该行动计划确定了实施节能降耗“十大工程”、节约集约用地“六大工程”和环境保护“八大工程”,积极推进生态省建设。

2009年5月，浙江省委十二届五次全会指出，要积极推进节能减排和环境保护的体制改革，强调开展生态文明建设改革试点，切实把生态文明建设作为改革发展的重要内容。也是在这一年，浙江省委主要领导亲自主持开展了课题调研，开始为省委专题研究生态文明建设工作做准备。

2010年5月，浙江省委主要领导强调，要进一步明确生态文明建设的总体思路，以深化生态省建设为抓手，以发展生态经济为中心任务，以改善生态环境为基础，以建设生态文化为支撑，以完善体制机制为保障，不断加大工作力度，创新工作举措，拓展工作领域，加快推进生态文明建设，努力探索生产发展、生活富裕、生态良好的有浙江特色的科学发展之路。

2010年6月，浙江省委召开十二届七次全会，全面部署生态文明建设各项工作。全会根据党的十七大关于生态文明的战略要求，全面分析形势和任务，认真总结生态省建设经验，在全国率先出台《中共浙江省委关于推进生态文明建设的决定》，明确提出推进生态文明建设总体要求、主要目标、重点任务和重要举措，成为指导一个时期浙江生态文明建设的纲领性文献。《中共浙江省委关于推进生态文明建设的决定》要求坚持生态省建设方略、走生态立省之路，大力发展生态经济，不断优化生态环境，注重建设生态文化，着力完善体制机制，加快形成节约能源资源和保护生态环境的产业结构、增长方式和消费模式，打造“富饶秀美、和谐安康”的生态浙江，努力实现经济社会可持续发展，不断提高浙江人民的生活品质，努力把浙江省建设成为全国生态文明示范区。

2015年5月28日，浙江省委常委会召开会议，学习贯彻习近平总书记在浙江考察时的重要讲话精神。会议强调，牢牢把握“干在实处永无止境,走在前列要谋新篇”的新使命,坚持和深化“八八战略”,努力在提高全面建成小康社会水平上更进一步,在推进改革开放和社会主义现代化建设中更快一步,奋力推进“四个全面”战略思想和战略布局在浙江的生动实践。

2017年6月,浙江省第十四次党代会提出,着力推进生态文明建设,深入践行“绿水青山就是金山银山”理念,大力开展“811”美丽浙江建设行动,积极建设国家可持续发展议程创新示范区,推动形成绿色发展方式和生活方式,为人民群众创造良好生产生活环境。7月,省委、省政府印发《浙江省生态文明体制改革总体方案》,提出以绿色发展为主线,以改善环境质量为核心,以空间结构优化、资源节约利用、生态环境治理为重点,深化体制机制改革,建立系统完整的生态文明制度体系,努力建设高水平生态文明,为建设美丽浙江、高水平全面建成小康社会提供持续动力。

2020年3月底,在抗疫和复工复产的关键时刻,习近平总书记再次来到浙江考察,并回到首次提出“绿水青山就是金山银山”理念的安吉余村,赋予浙江“努力成为新时代全面展示中国特色社会主义制度优越性的重要窗口”这一新目标新定位。多年来,在浙江省委、省政府的统筹领导下,浙江省各市积极响应,坚持以生态优先、绿色发展为导向,在实践摸索中推进浙江生态文明建设不断迈上新台阶,把绿水青山建得更美,把金山银山做得更大,让绿色成为浙江最动人的色彩。

一、城乡融合的绿色提升模式:以湖州为例

城乡融合的绿色提升模式主要集中在杭嘉湖和宁绍地区。这些地区生态环境和经济发展基础相对好,城乡经济融合程度高,创新发展能力比较强,这些年绿色发展呈现了量质提升的良好势头。

与浙江其他先行示范区相比，湖州的“身份”较为特殊：它是习近平总书记“绿水青山就是金山银山”理念的诞生地，是美丽乡村的发源地，是“生态＋”的先行地，也是唯一经国务院批准的全国建设生态文明先行示范区地级市。概括起来，湖州无论是安吉，还是德清或者是长兴，它们践行“绿水青山就是金山银山”理念的经验有一个共性，就是比较好地处理了生态保护与开发、产业发展与生态环境、产村（镇）融合以及多功能的发展关系，实现了生态优先、绿色发展的契合。

（一）高效生态现代农业支撑新型城镇化，实现绿色发展的城乡融合

“绿水青山”是我国经济社会转型发展和绿色发展的基础，而农业发展又依赖于良好的山、林、水、气候等生态资源。湖州“五山一水四分田”，有一方好山好水，自古就是一个宜居宜业的好地方。湖州拥有的区位交通、生态环境、历史人文、产业基础、城乡统筹等“组合优势”，是其他地方难以兼具的。习近平同志在湖州安吉县天荒坪镇余村首次提出“绿水青山就是金山银山”理念，充分说明湖州具有良好的发展基础和独特的生态优势，也说明湖州具有将“绿水青山”转化成“金山银山”的现实条件，是湖州的特色使然、基础使然、优势使然。[①] 湖州模式最大的特色就是坚持生态优先，做活、做优、做强高效生态现代农业，通过高效生态现代农业发展支撑新型城镇化，实现绿色发展的产业融合、产村融合、城乡融合和城乡一体化发展。

湖州高效生态现代农业对新型城镇化的支撑，首先体现在高

---

① 赖惠能，周宇．“两山”重要思想的实践样本——专访湖州市委书记陈伟俊[J]．小康，2017(30)：53-54.

效生态现代农业的产业融合、功能拓展、产业链延伸与新型城镇化的融合。[①] 湖州高效生态农林产业,如水稻种植、白茶种植、林下经济发展、水果种植、水产养殖等经过多年打造,不仅做到了产业组织化、生产规模化、种植标准化、加工集聚化、产品品牌化,更把农业生产、休闲娱乐、养生度假、文化艺术、农业技术、农副产品、农耕活动等有机结合起来,拓展高效生态现代农业的研发、生产、加工、销售产业链,形成产业融合、延伸与互动的模式,使传统功能单一的农业及加工食用的农产品成为体现生态价值的现代休闲产业的载体,提升高效生态农业全产业链和多功能的价值;而且建立了为农服务的多元化和实体化运作载体,形成"产前金融支持、产中技术帮扶、产后产品销售"的农业全产业链服务体系模式,全力促进了高效生态农业全产业链的深度融合。同时,还导入农业传统、科技、创意和休闲的新文化,积极拓展农业的生产、体验、景观、健康、养生等多维形态,打造多种产品形态和服务业态于一体的综合性、一站式、体验型的高效生态现代农业产业体系。最终,在湖州现代农业产业体系中,构建出由核心产业、支持产业、配套产业、衍生产业四个层次组成的产业群;形成特色农产品体系、多功能服务体系、现代农业支撑体系与现代农业产业组织体系四大核心体系;呈现体现生态优先、绿色发展的产业融合、业态融合、功能融合、空间融合的持续发展态势。

其次,湖州高效生态现代农业对新型城镇化的支撑,也体现在高效生态现代农业的田园生态理念与新型城镇化的深度融合。在"绿水青山就是金山银山"理念的引领下,湖州经济结构发生了"绿

① 黄祖辉,顾益康,米松华.以现代农业支撑新型城镇化:四川蒲江的实践与启示[N].农民日报,2014-02-19(3).

色化”的变化。该市安吉县从2008年开始全面实施“中国美丽乡村”建设，随后湖州在全国率先开展全域融合美丽乡村建设，推进“户收集、村集中、镇转运、县处理”的农村垃圾集中收集处理模式，建立“一把扫帚扫到底”的城乡一体化保洁模式，形成了以“美丽乡村、和谐民生”为特色品牌的新农村建设“湖州模式”。2016年，湖州市已建成16条美丽乡村示范带，80%的县区创建为省级美丽乡村先进县区。通过不断创新业态打造乡村旅游升级版，融入文化让农村留住乡愁，“绿水青山”不断“淌金流银”。其中，德清县以建设美丽乡村升级版为契机，融合当地乡风民俗与西方文化，大力发展以“洋家乐”民宿经济为特色的乡村旅游业态，打造了莫干山镇和劳岭村、燎原村等一批特色旅游镇村，推动美丽乡村从建设向经营转变，把“美丽成果”转化为“美丽经济”。长兴县充分利用丰富的民间文化资源，以“文化礼堂·精神家园”为主题，在深入挖掘区域特色和保持乡土文化多样性的前提下，坚持“一村一品”“一堂一色”，打造了长中村红色文化、上泗安村商贸文化等60余个农村文化礼堂，成为展示乡土特色民俗、丰富群众精神文化生活的新地标，真正让农村“望得见山、看得见水、记得住乡愁”。

湖州高效生态现代农业对新型城镇化的支撑，还体现在湖州现代农业在全省的标杆地位及其辐射效应。浙江省从2013年开始组织对全省11个设区市和82个县(市、区)农业现代化发展水平进行综合评价，从监测结果来看，2014—2019年湖州连续6年农业现代化发展水平综合得分列全省第一；德清连续5年位列82个县(市、区)榜首。湖州已成为浙江省打造农业现代化标杆省份的“领头羊”，湖州的农业已不是“四化”同步协调推进的短板，而是推动新型城镇化，城乡互促共进、协调发展的支点。

(二)做活生态优先的产业“生态+”,实现产业转型的绿色化

淘汰落后产能、发展循环经济是湖州坚持生态优先、绿色发展,提高“绿水青山就是金山银山”质量效益的重要手段之一。湖州是“生态+”的先行地,“生态+”就是体现生态优先,推进产业生态化和绿色化发展,就是农村要生态,乡村旅游要生态,产业转型也要生态。湖州做活生态优先的产业“生态+”实践,实现了产业结构变“新”、发展模式变“绿”和经济质量变“优”的转型。

湖州做活生态优先的产业“生态+”,集中体现在产业转型的绿色化。以环境保护为倒逼,大力淘汰低端落后产能,促使经济从“中低端”迈向“中高端”。2017 年湖州市政府工作报告显示,2012—2017 年湖州累计整治关停“低小散”企业 4520 家,淘汰 1182 家企业的落后产能,印染、造纸、制革、化工、电镀、铅蓄电池等六大重污染高耗能行业得到大力度的整治和提升。在生态环境持续向好的同时,产值不降反增。以铅蓄电池行业为例,先后淘汰了 159 家落后生产企业和 320 条落后生产线,企业数由 225 家减少到 16 家,实现了布局园区化、企业规范化、工艺自动化、厂区生态化、产品多样化和制造智能化,产值增加了 14 倍,税收增加了 6 倍。

湖州产业转型的绿色化,循环经济产业园的发展是一大亮点。以“绿色、低碳、循环”为方向,大力发展信息经济、高端装备、休闲旅游、健康养生四大战略性新兴产业,大力改造现代纺织、新型建材、绿色家居三大传统优势产业,大力培育地理信息、新能源汽车、生物医药、文化创意等新的经济增长点,加快构建“4+3+N”现代产业体系。截至 2018 年,已经连续举办九届的湖州政产学研合作大会,正逐步成为以中科院为代表的国内高校院所和产学研各界交流合作、共创共享的盛会,成效和影响日益彰显。

湖州产业转型的绿色化，还体现在“绿”字当头，致富百姓。“生态优先、绿色发展”理念的取向，就是要把人民对美好生活的向往作为奋斗目标。湖州坚持以人民为中心的发展思想，让老百姓共享“生态红利”“绿色福利”，加快发展乡村旅游、农村电商、高端民宿等美丽经济。2020 年，湖州市被省委、省政府授予“平安市”称号，成功实现“十三连冠满堂红”目标，5 个区县均被授予“平安县(区)”称号，被誉为全省最平安的城市之一。2021 年，湖州城镇常住居民人均可支配收入 67983 元，同比增长 10.1%；农村常住居民人均可支配收入 41303 元，同比增长 10.9%，城乡居民可支配收入比缩小到 1.65∶1。

(三)制度创新释放“生态红利”，实现生态优先、绿色发展与制度融合

制度设计创新被认为是创造经验的“突破口”。在体制机制上，湖州先后探索建立了水源地保护生态补偿、矿产资源开发补偿、排污权有偿使用和交易等制度，建立了企业用能交易平台、碳排放交易平台。鼓励社会资本参与环保基础设施建设，2013—2017 年，湖州市财政累计安排生态引导资金近 6 亿元，带动社会资本 120 多亿元。如果说“湖州模式”可复制、可推广，最重要的便是立法、标准、体制“三位一体”建立了推进生态优先、绿色发展的制度体系。

作为国务院批准的全国首个建设生态文明先行示范区地级市，湖州市通过探索建立以生态优先、绿色发展为核心的生态文明建设考核体系，为区域内开展生态建设和环境保护打造了坚实的“制度基础”。在地方立法上，颁布实施《湖州市生态文明先行示范区建设条例》，同时结合重点工作，制定相关具体法规、规章，逐步建立起完备的地方性生态优先、绿色发展的生态文明法规体系,成为全国唯一经国家标准委批准的生态文明标准化示范区。2015 年 4 月 29 日,经国家质检总局、国家标准委批准,以安吉县政府为第一起草单位的《美丽乡村建设指南》(GB/T 32000-2015)国家标准正式发布,成为全国首个指导美丽乡村建设的国家标准。标准涵盖村庄规划、村庄建设、生态环境、经济发展等 8 个方面,提出了 19 项量化指标。5 月,湖州市出台了《2015 年度县区综合考核办法》,生态优先、绿色发展的生态文明建设工作占党政实绩比重达到 30%以上。考核内容具体体现在经济发展质量、资源能源节约利用、生态环境保护、生态文明制度与文化建设等多个方面。总体上,湖州有着非常全面的生态优先、绿色发展的生态文明建设实践,生态文明从理念到行动,从城市到乡村,从制度到规划,从科学研究到市场经济手段的运用等,都有具体的实践展示和多样化探索。

湖州市在生态优先、绿色发展的生态文明建设中开展的又一项制度创新,在于自然资源资产负债表的编制。2014 年 11 月,湖州市政府与中国科学院地理科学与资源研究所签订了《编制湖州市自然资源资产负债表合作协议》,并于 2018 年 6 月 7 日正式发布《湖州市全面推开编制自然资源资产负债表工作方案》,主要核算土地、矿产、森林、水、生物等自然资源资产的存量及其变动情况。2016 年底,湖州市顺利完成自然资源资产负债表国家试点任务,2017 年又率先实现了成果运用。在 6 个乡镇试点开展领导干部自然资源资产离任审计。其实,早在 2015 年,湖州就已开始领导干部自然资源资产离任审计试点,对党政主要领导干部开展生态审计,盘清领导干部任职期间的“环境账”,倒逼他们成为当地生态保护的“守门员”。以前领导干部离任只算经济账，现在还要多算一笔生态账。当生态环境、自然资源成了评价和考核干部的重要内容时，实现保护与发展间的平衡，顺理成章成了领导干部首先要考虑的问题，进而对环境保护乃至整体生态文明建设工作形成有效的机制倒逼。

二、优势后发的绿色跨越模式：以丽水为例

优势后发的绿色跨越模式集中体现在浙江西南的丽水、衢州地区。这些地区是浙江丘陵与山区的代表性地区，也是浙江传统的欠发达地区，但是这些地区资源生态环境基础好，森林覆盖率高，过去存在生存性的生态环境破坏，随着温饱问题的解决和大量劳动力外出务工，生态环境恢复很快，加之基础设施的不断改善，这些年生态后发优势凸显，呈现了强劲的绿色跨越发展态势。

丽水地处浙江西南山区，拥有“九山半水半分田”的资源禀赋，是传统意义上的浙江欠发达地区。但是，浙江丽水的生态资源却非常丰富，生态环境极其优美，处处呈现着“绿水青山”的景象。2006 年 7 月 29 日，时任浙江省委书记习近平第 7 次到丽水调研时指出，“绿水青山就是金山银山，对丽水来说尤为如此”。在生态优先、绿色发展的指引和激励下，丽水市深入践行“绿水青山就是金山银山”理念，构建梯度递延的改革体系，通过健全生态价值实现机制、强化生态制度供给体系、创新生态服务互惠模式，推动丽水在生态产品价值实现核算、调节、服务及文化、制度政策设计等方面的先行探索，保持生态环境质量、发展进程指数、农民收入增幅多年居全省第一，协同推进生态文明建设、脱贫攻坚和乡村振兴战略，全力探索“绿水青山就是金山银山”理念在丽水“尤为如此”的实现路径，形成独特的优势后发的丽水模式。概括起来，优势后发

的丽水模式的特点是:立足绿水青山这一后发优势,坚持绿色发展和生态富民这一方向不动摇,通过"交通+金融"夯实基础、"生态+经济"助推产业、"品牌+电商"引领小农,实现科学跨越发展。

(一)"交通+金融":夯实绿色发展基础

实践中,我国不少"绿水青山"的丘陵山区,由于规划不周、基础设施薄弱和配套产业滞后等因素,往往难以将优良的生态资源转化为经济效益。丽水市通过科学规划和整合配套,将交通与金融作为夯实绿色发展基础的重要抓手,取得了成效。一是力求交通建设与绿色产业发展紧密结合。丽水对于交通制约有"切肤之痛",对于改善交通条件十分渴望与期盼。要打开"绿水青山"转化为"金山银山"和绿色发展通道,首要的是打开对外发展的空间通道。丽水按照省委关于"交通跟着产业走"以及高标准构建支撑都市经济、海洋经济、开放经济、美丽经济发展的四大交通走廊要求,加快构建大交通格局,完善综合交通体系,突出做好交通与旅游整合互动的文章,推动旅游交通走廊提升工作。丽水的交通条件发生了天翻地覆的变化:"县县通高速","村村通康庄公路",金丽温高铁开通……交通的改善推动了人流、物流的集聚,为"绿水青山"向"金山银山"的转化创造了必要条件。今天的丽水,乘高铁从上海出发只需要两个半小时,从杭州出发只需要一个半小时,到北京也已经有了直通高铁。丽水正加快推进龙浦高速、衢丽铁路、丽水机场等一批交通项目建设,打造美丽经济交通廊道,以让更多外地游客探究"浙江绿谷"、消费"中国好空气"的梦想成为现实。二是依靠金融改革激活"绿水青山"资源。"绿水青山"资源的激活不仅需要通过产权制度的改革,让山有界、树有权、地有证、水有主,而且需要引入市场机制,使其能成为被交易的对象。金融制度的融入使“绿水青山”被激活，是使其成为可抵押物的重要工具。在林权抵押贷款基础上，丽水先后探索开展农房抵押贷款、土地流转经营权抵押贷款等业务。2015 年，丽水争取到了全国人大授权、国务院批准的“两权”抵押贷款试点资格。伴随着沉睡已久的各类资源与资产被一一激活，茶园、石雕、农副产品仓单、生态公益林补偿收益、村集体股权、农村水利工程产权等各种抵质押贷款产品纷纷推出，通过“分户勘界、集中评估、制卡授信”，让农村产权实现了全部可抵押。越来越多农户凭借手中被激活的农村资源走上了致富的道路。针对农村担保组织不足的问题，丽水还全面推进财政出资、行业协会组建、商业化运作、村级互助等“四级”担保组织体系建设。便捷的贷款方式和完善的融资担保体系吸引了大批返乡青年和农创客在丽水创业。

(二)“生态＋经济”:助推产业绿色发展

绿色发展的科学内涵是“生态＋经济”的融合发展，从理念上讲，就是要在绿色发展中体现“生态经济化”和“经济生态化”的思想。丽水在打造“绿水青山就是金山银山”样板、争当“两区”示范(建设全国生态环境保护和生态经济“双示范区”)方面的经验值得借鉴。一是守住生态净土。首先是制度上严管。2008 年 7 月，丽水在全国率先发布了第一个地级市生态文明建设纲要——《丽水市生态文明建设纲要(2008—2020)》，建立了一整套从生态管控、审计到考核、问责的制度体系。其次是规划上严控。市域面积分为禁止准入区、限制准入区、重点准入区和优化准入区，其中 95.8％的市域面积划入自然生态红线区、生态功能保障区和农产品环境保障区，强化红线管治，从源头保护生态，并要求工业集聚进园区、园区工业生态化。最后是行动上严治。2014 年在全省率先出台生态工业发展负面清单,2017年以来否决高污染、高排放项目170多个,相继开展合成革、不锈钢、钢铁、阀门、铸造等行业整治,因此不惜减少年工业产值100多亿元。“治水、治气、治土、治山”,丽水市全面消除劣Ⅴ类水,市区空气常年优良率超过95%,位列全国第二。《2020年浙江生态环境状况公报》表明,丽水市2019年生态环境状况指数为89.4,连续17年在设区市排名中居全省第一,所辖县(市、区)的生物丰度指数、植被覆盖指数明显优于其他地区,成为名副其实的秀山丽水、养生福地、长寿之乡。二是践行生态经济化。丽水抓住人们对“好山、好水、好空气、好食品”的生态消费需求,将“生态+”文章做到极致,将生态价值发挥到最大。做好“山货”文章,推进农业产业“精品化、品牌化、电商化”发展,将农产品打造成旅游商品和旅游纪念品,延长产业链、提升附加值、扩大影响力,让更多“山货”走出“山门”。做好“山景”文章,大力发展乡村旅游,抓住差异化特点,厚植乡土文化,深挖独特魅力,发展农家体验型、民俗互动型、高山避暑型等乡村旅游业态,让丽水原生态的“山景”成为全省、全国人民向往的“风景”,并让美丽风景带来美好“钱”景。做好“山居”文章,将民宿产业和养老养生产业作为丽水发展新的经济增长点,将“三生融合”的田园山居生活平移、复制和集成到民宿及养老养生的个性产品中,满足现代人“采菊东篱下,悠然见南山”的消费需求,使丽水成为香格里拉式的“生态净土”、丽江式的“寻梦热土”、巴马式的“养生圣土”。① 绿水青山从自然资源变成创富资本,丽水一批“候鸟式”养生养老基地渐显雏形,一批“乡村创客”集聚区正在打造,越来越多的人返乡,开展“拯救老屋行动”,实施历史文化村落保护利用工程,投身“休闲+创业”

---

① 史济锡.打开“两山”通道　打造“三美”丽水[N].浙江日报,2016-06-17(15).

产业。三是践行经济生态化。绿水青山本身是一种竞争力，不仅体现在第一、三产业，也体现在第二产业。《2019年丽水市国民经济和社会发展统计公报》显示，2019年全年规模以上工业增加值比2018年增长11.9%，规模以上工业中，高技术产业、高新技术产业、装备制造业和战略性新兴产业增加值分别占规模以上工业增加值的5%、36.7%、25.8%和18%。以打造华东绿色能源基地为目标，丽水在全国率先编制和发布了地市级的可再生能源发展规划，推动一批绿色能源重大项目实施。2019年，丽水市服务业增加值为805.23亿元，同比增长8.7%，增幅排名全省第二。其中，把生态旅游业作为第一战略支柱产业来抓，丽水市旅游总收入年均增长近17%。产业结构在加快转型，丽水市三产产业结构从1978年的58.2∶21.5∶20.3调整为2018年的6.8∶41.4∶51.8;2015年，第三产业比重首次超过第二产业，实现了从“二三一”到“三二一”的历史性跨越。

（三）“品牌＋电商”：引领小农绿色发展

丽水在浙江是相对贫困人口比较多的区域。为了坚持生态优先、绿色发展，在不断践行“绿水青山就是金山银山”理念过程中将小农群体引入发展轨道，帮助他们脱贫致富，除了实物扶贫、资本扶贫、产业扶贫、科技扶贫、项目扶贫，丽水还提出和实践了“品牌扶贫”[①]和“电商扶贫”，探索出一条欠发达地区通过打造区域农业公共品牌和电商网络，引领小农绿色减贫发展的路径。从品牌作

① “品牌扶贫”最早由浙江大学农业品牌中心胡晓云教授提出。所谓的品牌扶贫，指的是为贫困地区进行品牌人才培养，进行有效的品牌战略顶层设计，扶持其打造农产品区域公共品牌、母子品牌等，通过贫困地区内普惠式的产品溢价，提升区域品牌经济价值，提高农民的精神气质与创新水平，实现消贫目的的战略选择与举措。

用角度看,“丽水山耕”是丽水市政府2014年主导推出的全国首个地市级农产品区域公共品牌。实践证明,打造区域公共品牌成功地实现了“生态变现”“文化变现”,实施以农业品牌化为核心和龙头的生态化、电商化、标准化,能有效整合区域绿色资源、形成产品溢价效果。协同政府打造“丽水山耕”这一农业区域性公共品牌的丽水市农发公司,将品牌化与农业的生态化、标准化、组织化和电商化相融合,为当地农产品的品牌溢价提供了很好的服务平台。除“丽水山耕”外,丽水市围绕创建国家全域旅游示范区目标,打响了“绿谷蓝”旅游区域公共品牌,“绿谷蓝”成为诸多大中城市游客的旅游目的地。除此之外,畲乡风情旅游、龙泉青瓷小镇、莲都古堰画乡等特色农业小镇和传统古村落等一系列旅游民宿品牌相继走红,形成了“丽水山耕”区域公共品牌(母品牌)引领,相关产业及其配套(子品牌)相互支撑与关联的品牌体系。据估算,丽水山耕、山居、山庄这“三山”品牌的打响,使农产品平均溢价33%。

从电商作用角度看,作为现代营销的新型渠道,电商在缩短小农进入市场距离、融入绿色农业发展方面,发挥着重要作用。丽水市把农村电子商务作为重点推动农民增收的“新三宝”之一。截至2019年6月,丽水市建成29个“淘宝村”、4个“淘宝镇”,其中遂昌县的“赶街”模式成为农村电商的全国样板。“淘宝村”从事电商及相关行业人员达9965人,占村人口总数的23.58%。可以说,丽水品牌扶贫和电商扶贫已为广大丘陵山区农民提供了一条践行“绿水青山就是金山银山”理念的可行路径。

三、治理倒逼的绿色重振模式:以金华为例

治理倒逼的绿色重振模式主要集中在浙江金华、台州、温州等乡村工业比较发达的地区。改革开放以来,这些地区个私民营经

济相对活跃，经济发展较快，但产业发展相对粗放，以相对低端化的劳动密集型加工制造业为主，并且生态环境损伤比较明显。在践行“绿水青山就是金山银山”理念、推进绿色发展的过程中，浙江省对类似产业动“大手术”，以壮士断腕的决心，高强度实施环境整治，倒逼产业结构转型，取得了显著效果。近年来，这些地区已经呈现出绿色再现和重振的发展势头。

2003 年 6 月，时任浙江省委书记习近平在金华市磐安县考察调研时指出，“磐安生态富县的路子是对的”“生态是可以富县的，生态好不仅可以富县，而且可以让老百姓很富，是很高境界的富”[①]。多年来，金华市认真贯彻落实习近平总书记重要指示精神，锚定“全域美丽”目标，培育“绿色因子”，全力提升绿色发展水平。

（一）做好顶层设计，擘画绿色发展路线图

一是创建生态金华。2003 年初，金华市环保工作会议明确提出不能以牺牲环境来发展经济，经济与生态必须同步发展。金华实施了“蓝天、碧水、宁静、生态、素养”五项行动计划，稳步推进生态市建设。2004 年，《金华生态市建设规划》通过省级论证和评审，金华市人大常委会审议通过《关于建设生态市的决定》；2005 年 7 月，金华市委、市政府下发《关于推进生态市建设的若干意见》，要求加快生态建设步伐，确保到 2020 年建成省级生态市。金华生态市建设由此进入快车道。到 2009 年，金华全面推进生态市建设和“811”环境保护新三年行动，圆满完成省委、省政府下达的各项任务，生态市建设取得优异成效。

二是加快生态文明。2010 年 7 月，金华市委五届十三次全体

① 胡新民. 磐安县践行“绿水青山就是金山银山”理念之路与启示[J]. 浙江农业科学，2020，61(12)：2442.

(扩大)会议暨市政府第十一次全体会议审议通过《关于推进生态文明建设的决定》,标志着金华把生态建设作为重要的战略任务和全面建成小康社会的一项重要目标。2012 年 5 月,"生态金华"建设大会强调要加快转变发展方式,努力建设生态文明。2017 年,《金华市生态文明体制改革实施方案》出台,金华市生态文明建设体制框架初步形成。2019 年,《金华市生态文明建设示范市规划》颁布,生态文明建设不断推进。

三是打造美丽金华。2013 年 1 月,金华市"五城四边三化"行动推进会提出着力打造精品城市,建设美丽金华。2014 年 7 月,金华市委六届七次全体会议暨市政府六届八次全体会议审议通过《关于建设美丽金华创造美好生活的决定》。美丽金华建设成为加快转变经济发展方式、实现高质高效发展的必由之路,同时也是改善生态环境、不断满足人民对日益增长的美好生活需要的重大举措。2016 年,金华市委提出建设浙中生态廊道,这是全国首条全域复合型生态廊道;2018 年,金华市政府审议通过《金华市大花园建设行动计划》,浙中大花园建设动员部署会和都市能级提升大会相继召开,金华紧紧抓住全省大湾区大花园大通道大都市区建设战略机遇,全力打造和美宜居福地;2020 年,随着美丽金华建设电视电话会议、金华市高水平建设新时代美丽金华暨生态环境保护工作述职大会召开,金华生态文明建设步入更高发展阶段,为建设"重要窗口"增添绿色光彩。

(二)矢志协同治理,打好环境治理攻坚战

一是坚决打赢蓝天保卫战。针对水泥、化工等传统重污染产业集聚情况,2009 年,金华市实施整顿水泥行业、安装除尘脱硫设施、关停与污染治理同步跟进、对工地实施环保式管理、严格环保执法、严抓减排目标等六大举措，城市环境空气优良率达92.6%。金华整体生态环境得到改善，金华经济发展走向良性的可持续发展道路。其后，进一步淘汰老旧产能，清理整顿涉气“散乱污”企业，借助科技设备开展建筑扬尘、水泥烟尘、工业臭气异味、餐饮油烟、露天焚烧等专项督导行动，全力打好蓝天保卫战。2012年6月，金华率先公布市区$PM_{2.5}$监测数据并提供网上查询。2017年1月，金华入选第三批国家低碳试点城市。随着全国首个边界层顶大气观测站落户武义县，金华拥有具有世界影响力的国家级生态环境背景监测站；与中国科学院大气物理研究所签订战略合作协议，促进大气环境治理科技化水平提升。金华深入开展国家低碳城市试点，在全省率先将“碳达峰碳中和”纳入生态文明建设整体布局，建立能源“双控”预警预调机制，实施新一轮绿色化技术改造，加快推进清洁能源利用，增加绿色生态建设供给。2021年6月，金华市发出首张“碳中和”证书，在践行绿色会议、零碳活动理念的同时，进一步在广大市民心目中树立“绿水青山”环保理念。经过持续努力，金华的空气质量不断改善，居于全省前列。2021年一季度$PM_{2.5}$浓度和空气质量指数在长三角地区41个城市中分别排第8位和第9位，在全国168个重点城市中排第20位，获生态环境部通报表扬。

二是着力打好碧水保卫战。早在2004年，金华就开始实施金华江流域“碧水行动”。2008年以来，各地通过加快建设污水处理等环保基础设施、实施医化等重点行业结构调整和重点源污染治理、加大农业农村面源污染治理的投入、实施小流域水质断面考核和治理、加大环境执法力度等举措，整治江段水质明显改善。2009年，金华市8个出境断面水质达到水功能区要求，其中5个达到Ⅱ

类标准;县级以上饮用水质达标率 99.06%。2013 年 9 月,金华市水环境综合治理暨重点行业整治推进会召开,要求用最严格的责任制、最严厉的监管制、最严肃的问责制,打赢水环境综合治理和重点行业整治攻坚战。同年底,金华市开展环保"铁腕一号"专项执法行动,打击曝光一批重大典型环境违法行为。2016 年 4 月,全国水环境综合整治现场会在浦江召开,推广金华及浙江"五水共治"经验做法,扎实推进全国水环境保护和水污染防治工作。9 月,金华各地举行群泳畅游母亲河活动,实现治水"三年可游泳"的承诺。金华严格实行环境管理重点区域蹲点督办制度,对严重影响水质的流域性、区域性、行业性污染问题进行铁腕治理。先后对东阳南江、东阳江、浦阳江、武义江、孝顺溪等进行挂牌戴帽治理。启动实施清洁小流域战略,由干、支流设置接断面各所在镇(街)行政一把手负责小流域环境整治,取得较好效果。2020 年,金华市 43 个地表水断面水质全部达到或优于Ⅲ类,沙金兰水库、安地水库等"八大水缸"饮用水源水质常年保持在Ⅱ类或Ⅰ类。碧水清波好生态、好风景,成为市民切身可感的幸福。

三是扎实推进净土保卫战。随着工业经济和城市的快速发展,固体废弃物成为生态环境中不可忽视的重要污染源,切断污染源是治污的关键。金华实行建设工程环评分级审批制度,仅 2009 年就否决高污染项目近 100 个,有效降低源头污染;金华市环境处罚总额位居全省第四,省级飞行监测达到 84.6%。铁腕整治重点区域污染,2011 年整体关闭金华大黄山化工区、东阳竹溪化工区,并对原有地块进行土壤修复。对味精、造纸、电镀、金属表面处理、小冶炼、印染、水晶、废塑料加工等行业深入整治。其中累计关停小冶炼加工作坊 2200 多家,小冶炼作为一个行业基本在金华消除。通过整治，淘汰了一大批低小散企业和一大批生产工艺落后和重污染产品生产企业，解决了影响群众生产生活的污染顽疾，促进产业调整和升级，提高了生态环境质量。金华市委、市政府历来重视垃圾分类这件“关键小事”，奋力争创全省领先、全国一流，打造清废排污的“金华样板”。早在 2012 年 2 月，金华入选全国第三批再生资源回收体系试点城市。2015 年 5 月，全省农村生活污水治理现场推进会在金华召开，金华垃圾分类“农村包围城市”的做法得到肯定和推广。2016 年 11 月，全国农村生活垃圾分类和资源化利用现场培训会在金华召开，向全国各地介绍该项工作的“金华模式”。2018 年 11 月，住建部督察组督察建筑垃圾治理试点工作，对金华采取的举措和取得的成效给予充分肯定。2020 年，金华在全省率先完成危废“存量清零”1.7 万吨，金华市 159 家重点危废企业和大宗固废产生企业实现视频联网；实现生活垃圾“零填埋”。2020 年 12 月 5 日，金华首次实现生活垃圾负增长。12 月，全国农村生活垃圾处理技术暨运行管理现场会在金华举行，金华农村生活垃圾分类经验在全国推广。金华作为全省唯一的“垃圾革命”试点市，为浙江建设成为展示习近平生态文明思想和美丽中国建设成果的重要窗口作出了积极贡献。

（三）促进生态富民，构筑全面小康幸福路

一是大力发展特色农业，做强特色生态经济。磐安县牢记习近平总书记的嘱托，探索生态富县路径，扩容绿色经济规模效应，形成中药材、茶叶、食用菌、高山蔬菜、经济林和生态畜牧业六大主导产业，创设“全国中药产业振兴发展策源地”“国家中药资源保护利用样板地”。2020 年 3 月，磐安“盘安药膳”原始股份在香港上市，这是金华首家商标资产上市企业；武义形成茶叶、水果、食用菌、蔬菜和畜牧业等优势产业,创成国家有机食品生产基地示范县、中国特色农产品优势区;永康深入推进农业供给侧结构性改革,着力发展方山柿、两头乌等地方特色农业主导产业和休闲观光农业。永康无公害农产品、绿色食品、有机农产品和农产品地理标志总数居全省前列,其中国家农产品地理标志总量4个,为全省第一。

二是着力推进生态休闲养生旅游产业。在“文旅富县”战略带动下,养生游、节会游、休闲游等模式竞相发展,民宿经济、田园经济、创意经济等新业态蓬勃发展。积极探索“工业＋旅游”等新模式,将茶文化、丝路文化等融入,集文化传播、培训、住宿、体验、购物休闲、养生为一体,打开了“绿水青山”转化为“金山银山”的通道;2020年磐安累计接待游客1496万人次,实现旅游综合收入141亿元,打造“长三角知名康养旅居目的地”;永康形成唐县镇“葡萄长廊、贡姜产地、荷花湿地”和前仓镇“一山一峡一谷一村”、西溪镇影视基地、龙山镇“花满地”小镇等特色精品产业板块,西溪镇获评全国首批森林文化小镇,南山木语入选全国森林康养基地试点。

三是引进绿色低碳工业,形成电子信息、新能源材料和中医药健康等产业集群,优化产业结构和区域布局。含金属表面磷化处理工序及环保型替代新技术、新能源汽车标准化技术取得重大成果,就是金华生态科技应用的实例。2019年,金华“公路隧道蓄能自发光应急诱导系统”被列入交通运输部重点节能低碳技术推广目录,是全省唯一入选的项目。

四是培育绿色服务业,完善生态设施配套。因地制宜对村庄进行景区化改造、基础设施旅游化配置、城区公路精品化提升,打造美丽村庄、公路和田园。自2008年启动高效生态循环示范基地项目建设，金华先后建成 29 个示范基地，实现了废弃物的无害化处理及资源化和生态化利用，有效地控制了农业面源污染，为发展无公害农产品创造了有利条件，实现了经济效益、生态效益和社会效益的有机结合；持续实施“千村示范、万村整治”多轮升级工程，金华市 4466 个行政村全面开展了村庄整治，县（市、区）农民收入全部突破 2 万元大关，贫困现象全面消除，美丽经济发展进入快速增长期。

（四）激发创新活力，打造绿色生态“金”样板

在空气环境治理方面，金华于 2018 年率先成立“蓝天办”专班并实体化运作，联合各部门协同作战，常态化开展“联防联控”蓝天保卫行动；首创乡镇和工业园区空气质量预警机制，全域建成乡镇空气自动监测站，第一时间将污染溯源到具体网格，实现精准治气、科学治气；在全国率先使用遥感监测车开展“遥感＋执法”联合路检执法行动，先后获得多位省领导批示肯定，并在全省推广经验。

在水环境治理方面，早在 2002 年，金华就筹建沙金兰库区生态自然保护区，举行规划听证会。12 月 22 日，时任金华市市长楼阳生约见市人大代表，就其在市四届人大三次会议上提交的《关于要求在沙畈乡沙金兰库区建立自然生态保护区的议案》的办理情况作通报。市长约见人大代表的做法在金华尚属首次。2009 年，金华在全国率先提出建设（沙金兰）水源涵养生态功能区，建立生态补偿机制，而国家层面的生态补偿机制试点是 2011 年开始的。2016 年，金华在全省率先建立市县两级流域水质考核奖惩制度，首开“双向补偿”先河；并在 2018 年制定《金华市流域水质生态补偿实施办法和实施细则》，成为全国率先实现全流域上下游生态补偿的地区。金华还积极探索流域水质预警应急机制,设立市级、流域、县(市、区)、乡镇、企业五层次应急预案,采取环保联动执法、企业限产停产、生态用水调剂等措施,确保水质稳定在Ⅳ类水以上。2010年,金华建立环境问题督察通报制度和流域治理奖惩激励制度,从机制上给整治提供强有力的支撑。根据水污染防治工作情况,每年排出一批重点问题,挂牌督办,限期办理;每月在《金华日报》上公布金华江水质情况,公开监督。为加强治污的激励考核,设立金华江水环境保护防治专项资金,定向使用,有效提高各地水污染防治的主动性。2012年9月,金华启动排污权有偿使用交易试点工作。2015年3月28日,反映金华治水故事的电影《迫在眉睫》举行首映式,这是全国首部"五水共治"环保影片。11月19日,金华市"智慧治水"信息系统正式建成并上线运行。11月26日,金华市"五水共治"系统工程入选全国20个"2015民生示范工程"。2018年1月,兰溪市工业水厂投用,在金华率先实现分质供水。金华"治水十法"获时任中央领导批示肯定并在全国推广,污水处理厂"金华标准"为出台"浙江标准"提供了示范经验;创新"生态洗衣房"模式,实现了洗涤废水统一纳管处理,在全省推广经验。2020年,金华综合治水创新之举"河长制"获国务院正向激励,全国仅10个地级市获此殊荣,金华是省内唯一入选的设区市。2021年5月,金华捧回全省首次颁发的"五水共治"最高奖"大禹鼎"金鼎。山水之城金华成为全省、全国水环境治理的"优等生",交出了高分答卷。

在固废处理和垃圾分类工作方面,金华更是涌现出多个全省、全国第一。2004年4月,全省首座村级垃圾焚烧站——永康市古山镇青后叶村垃圾焚烧站开炉。11月,全省首座实施紫外线消毒的城市污水处理厂——义乌市污水处理中心消毒灭菌项目投入运行。2019年11月，全国首个垃圾分类研究院——金华垃圾分类研究院在浙江师范大学揭牌成立。2020年1月，全国第一个生活垃圾分类岗位技能培训班在金华开班，300名垃圾分类指导员、专管员和分拣员分班进行培训考级。1月22日，金华市建设局垃圾分类专班颁发全国第一本生活垃圾分类专项职业能力初级证书。2021年，金华在全省率先印发《生活垃圾分类指导目录》，发布全省首个生活垃圾“分类大全”。金华的生活垃圾分类“两定四分”法、工业垃圾治理“三个五”机制等工作亮点成为全省乃至全国借鉴的样板。

全方位落实森林城市群建设。2018年9月，全省首个森林城市群建设规划——《浙江省金义都市区森林城市群建设规划（2018—2027年）》通过专家评审。“十三五”期间，金义都市区森林城市群成为全国首个以城市为建设主体的国家级试点，“国家森林城市”（市本级、东阳、义乌、永康）数量居全国地级市首位，浙中生态廊道入选浙江省百个民生发展创新案例。义乌、浦江、磐安成为国家级生态文明建设示范区，金华、东阳、义乌、武义、磐安成为省级生态文明建设示范区，全省唯一的生物多样性友好城市建设试点落户磐安。浙中大地的绿水青山化为一座座“金山银山”，成为金华高质量发展的最美注脚。

加强法治建设，铸造生态文明护航舰。一是在制度层面，“十三五”之前主要围绕治污、治气、治水，制定出台环境保护监管整治、污染物总量控制与减排、节能降耗、污染防治、固废清运处理、“五水共治”、“四边三化”、“三改一拆”、垃圾分类处理等部门和行业规章制度、实施细则等，体现了金华为环境保护所做出的巨大努力,为生态文明法治环境打下了坚实基础。2009 年 11 月,金华组建市环保应急联动小组,以提高对环境突发事件的应急能力,并完善了相应的应急保障措施。二是在立法层面,2015 年 7 月,浙江省十二届人大常委会第二十一次会议决定,金华等 5 个设区市可以制定地方性法规。金华取得城乡建设与管理、环境保护、历史文化保护等方面事项的地方立法权。2016 年 10 月金华市六届人大常委会第四十二次会议通过、2016 年 12 月省十二届人大常委会第三十五次会议批准的《金华市水环境保护条例》,成为金华首部地方性实体法规,为水环境保护提供了强有力的法治保障。"十三五"期间,根据习近平生态文明思想和党的十九大、十九届四中全会精神,金华明确新时代环境立法的指导思想和原则,加快环境法律的立改废释工作,切实提高环境立法质量,补齐生态保护立法的短板,积极推进相关法律的生态化,加强配套环境法规和规章的制定,加快健全完善生态环境保护法律体系,实现环境治理体系与治理能力的现代化。在此期间,金华生态环境立法立规向全面纵深发展,从宏观规划到具体细则,多领域、多层次、多方面构筑生态环境法治红线,揭开了金华大力推进生态文明法治化建设的新篇章。如审议通过《金华市"污水零直排区"建设实施方案》《金华市文明行为促进条例》《金华市生态文明示范创建行动实施方案》《农村生活垃圾分类管理条例》《金华市区城区生活垃圾分类实施方案》《金华市大气污染防治规定》《金华市城市市容和环境卫生管理规定》《金华市进一步加强塑料污染治理实施办法》《金华市城市绿化条例》等,深入贯彻实施固体废物污染环境防治"一法一条例"。立法力度之大、执法尺度之严、成效之显著前所未有。三是在执行层面,金华完善环境监管和执法体制机制的步伐一直没有停歇。金华市行政执法机关和司法机关通力合作，建立了最严格的制度和最严密的法律予以推进，在生态环境案件诉讼、审判、打击生态环境违法犯罪等方面取得显著成效。在生态环保领域全面强化行刑合作，信息互通共享；充分发挥司法部门职能，携手建立联席协作新机制，每年组织开展联合执法专项行动，保持打击生态环境违法犯罪高压态势，构筑坚实法治防线；深化联合培训和宣传，提升环境保护执法水平，共同维护生态环境，护航美丽金华建设。

第三节　共建共享美丽浙江：人民立场的实践新升华

生态优先、绿色发展是对可持续发展理论和实践的升华，是人类文明演进的必然趋势。2014 年 5 月，浙江省委十三届五次全会通过了《中共浙江省委关于建设美丽浙江创造美好生活的决定》，该决定认为“建设美丽浙江、创造美好生活，是建设美丽中国在浙江的具体实践，也是对历届省委提出的建设绿色浙江、生态省、全国生态文明示范区等战略目标的继承和提升”[①]。而面向未来发展，建设美丽浙江、创造美好生活，是浙江省深入贯彻落实党的十八大、十八届三中全会和习近平总书记系列重要讲话精神的重大部署，是尽快改善生态环境、不断满足人民对美好生活新期待的重大举措，是加快转变生产生活方式、实现更高水平发展的必由之路，是提升全面建成小康社会水平，建设物质富裕、精神富有现代化浙江的重要内容。因此要从全局和战略的高度，把建设美丽浙江、创造美好生活作为重要工作指针，贯穿于经济社会发展全

---

① 中共浙江省委关于建设美丽浙江创造美好生活的决定[EB/OL].(2014-06-11)[2022-10-12]. http://zxw.zj.gov.cn/art/2014/6/11/art_1229553493_2800.html.

过程。

美丽浙江战略是浙江生态优先、绿色发展的理想追求,体现为先进的生态文化、发达的生态产业、绿色的消费模式、永续的资源保障、优美的生态环境、宜人的生态社区等要素的和谐统一。美丽浙江建设分2015年、2017年和2020年三个阶段推进:2015年目标中,明确省"十二五"规划确定的单位生产总值能耗、主要污染物排放、民生保障和社会公平等主要指标全面完成。2017年目标中,明确省第十三次党代会确定的生态环境质量、人民生活品质、社会文明程度等方面的指标全面完成。2020年目标与物质富裕、精神富有的现代化浙江建设目标相衔接,明确要初步形成比较完善的生态优先、绿色发展的生态文明制度体系,以水、大气、土壤和森林绿化美化为主要标志的生态系统初步实现良性循环,全省生态环境面貌出现根本性改观,生态优先、绿色发展等生态文明建设主要指标和各项工作走在全国前列,争取建成全国生态文明示范区和美丽中国先行区,城乡统筹发展指数、城乡居民收入、居民健康指数、生态环境指数、文化发展指数、社会发展指数、社会保障指数、农民权益保障指数等达到预期目标。从"生态省"到"生态浙江",从"美丽浙江"到"两美浙江",体现了历届省委、省政府对走生态优先、绿色发展之路的高度共识,是推动浙江绿色发展、循环发展、低碳发展的一贯追求,体现了在美丽中国建设实践中,浙江"干在实处、走在前列"的政治担当、历史担当、责任担当。

2017年6月,浙江省第十四次党代会进一步提出,要将整个浙江作为"大花园"来建设,使浙江山水与城乡融为一体、自然与文化相得益彰。浙江提出了推进全域有机更新、打造"千万工程"升级版、建设诗画浙江"大花园"的战略决策部署,让习近平总书记的

“绿水青山就是金山银山”理念和习近平生态文明思想在浙江大地生根开花。建设诗画浙江“大花园”的目的，就是要全方位实现生态优先和绿色发展，推动高质量发展，让绿色成为浙江高质量发展的普遍形态，让绿色经济成为浙江经济的新增长点，让绿色发展成为浙江全省人民的自觉行动，让浙江的绿色发展成为中国现代化发展的重要窗口。诗画浙江“大花园”建设将充分体现“五个高”。一是高质量建设“诗画浙江”。具体体现为“四个坚持”，即坚持保护为先、坚持攻坚为重、坚持美丽为基、坚持文化为魂。二是高水平发展绿色产业。具体体现为“四个一批”，即打造一批生态产业平台、培育一批生态龙头企业、建设一批生态产业项目、提升一批优质生态产品品牌。三是高标准推进全域旅游。重点是依托山水资源，发掘人文资源，打造以水为纽带的四条黄金旅游线路和以山为依托的十大名山公园。四是高起点打造现代交通。包括加快建设大型国际客运枢纽，加快建设 2 万公里美丽经济交通走廊，加快建设 1 万公里骑行绿道网。五是高品质创造美好生活。主要体现为“五个养”，即做到青山碧海“养眼”、蓝天清风“养肺”、净水美食“养胃”、崇文尚学“养脑”、诗意栖居“养心”。十多年来，浙江从“生态省建设”到“美丽浙江”，再到“两美浙江”，从“美丽乡村”到“美丽县城”，从实施“811”环境整治行动和循环经济“991”行动计划到实施转型升级“组合拳”，从湖州成为全国首个地市级生态文明先行示范区，到杭州、湖州、丽水入选第一批国家生态文明先行示范区，实践证明，浙江省坚持“绿水青山就是金山银山”理念，走生态优先、绿色发展道路是符合地方实际的正确决策，是实现省域经济可持续发展的战略选择。经过近二十年的实践，生态优先、绿色发展已成为浙江广大干部群众的思想共识，已成为全省各地践行“绿水青山就是金山银山"理念、实现从绿色发展到美丽浙江建设的行动指南。

案例 2-1

湖州黄杜村和余村:"一片叶子富了一方百姓""从卖石头到卖风景"

二三十年前,黄杜村是安吉县有名的穷村,村部和学校都是危房,村里债务累累,人均年收入不到 400 元。上级党委政府在贫困村推广种植茶叶新品种"白叶一号",被许多村子拒绝。当时的黄杜村村支部书记盛阿林带头种植白茶,以实际效益带动其他农民。如今,黄杜村已经成为中国白茶第一村,2017 年人均年收入超过 36000 元,几乎全部来源于白茶及相关产业。安吉全县白茶的种植面积也达到 17 万亩,"安吉白茶"品牌价值超过 30 亿元。除了种植和加工,安吉白茶正在向第三产业进军。在中国安吉宋茗茶博园,一片叶子富了一方百姓,农旅结合模式已经带动了 10000 亩茶园、200 多户农户共同致富。从 2018 年 4 月至 2019 年 7 月,黄杜村农民党员向西部地区 34 个贫困村捐赠 1665 万株白茶苗,进行种植指导和茶叶包销,通过土地流转、茶苗折股、生产务工等方式预计将带动 1862 户 5839 名建档立卡贫困人口增收脱贫。

安吉余村是个只有 4.86 平方公里的小山村,山林面积就有 6000 余亩,是典型的"八山一水一分田"。20 世纪 90 年代,这里是安吉县规模最大的石灰石开采区。都说靠山吃山,炸山采矿成为余村人的"生存之道"。2005 年 8 月 15 日,时任浙江省委书记习近平来到余村,首次提出"绿水青山就是金山银山"理念。关掉矿山和水泥厂后,余村重新编制了发展规划,发展生态旅游经济。2008 年,余村借助安吉县开展的美丽乡村建设,率先建成了精品村。整治环境、污水治理、拓宽道路……环境变美,商机也来了,村里千年的银杏树，参天的水杉都成了旅游资源。农家乐、漂流，游客来了一批又一批。村里相继建成了文化大舞台、文化礼堂、数字电影院等文体设施，还组建了老年门球队、青年篮球队、妇女排舞队等多支文体队伍，一到节假日就组织活动，除此之外还成功举办了余村全民运动会、余村村晚等各类文体活动。余村实现了“从卖石头到卖风景”“从卖风景到卖文化”的华丽蜕变。

资料来源：安吉白茶助力精准扶贫：一片叶子富了一方面姓[EB/OL].(2018-07-18)[2022-10-15]. http.//china.cnr.cn/news/20180708/t20180708_524294076.shtml；

游祖勇.从“卖石头”到“卖风景”　浙江余村生动诠释“两山”理念[J].当代县域经济，2020，81(8)：56-65.

案例简析 〉〉〉

“绿水青山就是金山银山”理念如今已经深入人心，成为人们坚持生态优先、绿色发展，正确处理经济发展与生态保护辩证关系的指南。浙江湖州生态优先、绿色发展之路，正是这一理念成功指导实践的生动范例。经过十几年的探索实践和接力奋斗，湖州形成以“护美绿水青山、做大金山银山、培育生态文化、构建制度体系”为主要内容和标志的实践模式，让“一片叶子富了一方百姓”“从卖石头到卖风景”的故事成为佳话，走出了一条经济和生态互融共生、互促共进的中国特色社会主义生态优先、绿色发展的生态文明建设新路子。

本章小结

在经济建设的新形势、新背景下，浙江大胆创新，以“腾笼换鸟、凤凰涅槃”的发展思路推进产业结构调整和发展方式转变，走出了一条以生态优先、绿色发展为导向的新发展道路，涌现出一大批具有特色的实践模式。湖州高效生态现代农业以产业融合、功能拓展、产业链延伸与新型城镇化的融合为核心,成功实现产业结构变"新"、发展模式变"绿"和经济质量变"优"的转型。丽水立足绿水青山资源优势,坚持绿色发展和生态富民,以"交通+金融""生态+经济""品牌+电商"等模式实现科学跨越发展。金华通过发展特色生态经济、生态休闲养生旅游产业、绿色低碳工业、绿色服务业等形式擘画绿色发展路线图。美丽浙江的建设是对生态优先、绿色发展的进一步深化,旨在推进文化、产业、消费、资源、环境、社区等方面的和谐统一,全方位实现生态优先和绿色发展。

思考题

1. 浙江在推进生态优先、绿色发展过程中最值得借鉴的做法是什么?

2. 结合自身工作或研究经历,谈谈你对"生态优先、绿色发展"的认识和关键所在。

拓展阅读

1. 习近平. 干在实处 走在前列——推进浙江新发展的思考与实践[M]. 北京:中共中央党校出版社,2006.

2. 习近平. 之江新语[M]. 杭州:浙江人民出版社,2022.

3. 中央党校采访实录编辑室. 习近平在浙江[M]. 北京:中共中央党校出版社,2021.

4. 本书编写组. 干在实处 勇立潮头:习近平浙江足迹[M]. 杭州:浙江人民出版社,2022.

5. 顾益康. "千万工程"与美丽乡村[M]. 杭州:浙江大学出版社,2021.

6. 曹立,郭兆晖. 讲述生态文明的中国故事[M]. 北京:人民出版社,2020.

在整个发展过程中，我们都要坚持节约优先、保护优先、自然恢复为主的方针，不能只讲索取不讲投入，不能只讲发展不讲保护，不能只讲利用不讲修复，要像保护眼睛一样保护生态环境，像对待生命一样对待生态环境，多谋打基础、利长远的善事，多干保护自然、修复生态的实事，多做治山理水、显山露水的好事，让群众望得见山、看得见水、记得住乡愁，让自然生态美景永驻人间，还自然以宁静、和谐、美丽。

——摘自《加强生态文明建设必须坚持的原则》[①]

第三章　生态优先、绿色发展推进生态产业化、产业生态化"两化"融合

◆◆ 本章要点

1.生态产业化在实践中可以体现为两种形态。一是对具有正外部性的生态资源进行市场或计划交易，以实现生态的价值与收益。二是对具有负外部性的生态资源进行修复或循环利用，以实现生态的价值或收益。产业生态化在实践中也可以体现为两种形态。一是利用生态效应发展高效生态农业，通过农产品市场交易，实现农产品的生态价值。二是利用生态效应发展休闲产业，通过休闲服务业的市场交易，实现休闲产业的生态价值。

2.循环经济是解决好工业发展对资源和生态环境压力的关键，是实现生态工业发展和绿色可持续发展的重要途径。在绿色

① 习近平.加强生态文明建设必须坚持的原则[M]//习近平.习近平谈治国理政.第三卷.北京：外文出版社，2020：361.

发展理念的指导下,浙江依托绿色、循环和低碳等发展方式推进工业经济转型升级,大力培育新的经济增长点,在节能降耗、清洁生产、淘汰落后产能、高标准建设生态工业园等方面取得显著成效。

3.在生态优先、绿色发展的指引下,浙江县域的“绿水青山”被放置于更大的开放空间。山区县通过统筹协调城乡的生态资源,借力城乡融合、开放发展的大平台,依托资源生态大力发展绿色产业,打开了生态优先、绿色发展的大思路,打通了将自身资源生态优势转化为经济社会发展优势的渠道。

4.浙江是美丽乡村建设的起源地,依托资源生态打造美丽乡村,在推动美丽乡村建设从“一处美向全域美、一时美向持久美、外在美向内在美、环境美到发展美、形象美到制度美”转型升级的过程中,不断涌现出安吉模式、德清模式等具有代表性的建设模板,为全国美丽乡村建设提供了高水平的浙江样板。

5.生态不仅是自然元素,更是人类生存和发展不可或缺的赋能性要素。在生态产业化战略的引领下,浙江坚持在生态环境保护的基础上发展绿色经济,利用生态要素赋能,催生了“互联网+”农业、文化产业、生态旅游、乡愁产业等新产业和新业态,探索出了生态产品价值实现的新模式新路径。

在2018年5月召开的全国生态环境保护大会上,习近平总书记指出,要加快建立健全“以产业生态化和生态产业化为主体的生态经济体系”①。这一论述对促进生态保护和经济社会协调发展具有重大指导意义。产业生态化和生态产业化是生态文明建设的根本出路,科学处理好产业生态化和生态产业化的关系,本质上是构

① 习近平.习近平谈治国理政.第三卷[M].北京:外文出版社,2020:366.

建一条生态与产业协同发展的可持续发展道路。产业生态化和生态产业化是前后相继、互为循环的过程。一方面，产业生态化是生态产业化的前提和保障，实现产业生态化能够把对自然资源和生态环境的破坏降到最低，为生态产业化奠定良好的生态基础；另一方面，生态产业化是实现产业生态化的必要条件，是巩固、扩大和转化产业生态化成果的保证路径。“两化”互动互促互融就是生态优先、绿色发展的新路子，即“绿水青山”向“金山银山”转化的实现路径。推进“两化”融合，关键要转变经济社会发展和自然生态保护的思路，坚持以生态优先、绿色发展为导向，引入复杂的系统思维，通过系统性整合，形成以山水林田湖草系统性保护和利用为生态支撑，以自然资源资产化制度体系为保障，以绿色生态经济体系为经济引领的“三位一体”的核心框架体系。“两化”融合具有积极的时代意义，是习近平生态文明思想的具体体现，是实现人与自然和谐统一的有效途径，能够以补偿和互换的方式实现区域之间、产业之间的协调发展。近年来，浙江围绕产业生态化、生态产业化，坚定推动生态优势向经济优势转变，发展循环经济、绿色产业，打造美丽乡村，催生“互联网＋”农业、文化产业、生态旅游、乡愁产业等新业态，建立了生态产品价值实现机制，出台了全国首个省级GEP核算标准，生态资源转化通道日益拓宽。

第一节　“两化”融合发展的内涵与路径

一、生态产业化的内涵与特点

生态产业化是将山水林田湖草等生态资源作为特殊资产，通过生态资源资本化，推动生态要素向生产要素转变，按照社会化大生产、市场化经营的方式来提供生态产品和生态服务,以实现生态资源的保值和增值。换言之,就是要处理好“本金”和“利息”的关系。“本金”即自然资源本身的价值,可以通过强化对自然资源的保护和管理来实现保值。“利息”则指通过生态价值的直接或间接转化实现增值。其中,直接转化包括建立具有生态系统服务功能的价值评估体系,让绿水青山转变为可计量、可考核的“金山银山”;而间接转化则可以通过优越的生态条件带动绿色生态经济的发展。生态产业化的本质是将生态资源丰富化、市场化,把生态建设和产业经济联合起来,为社会带来更大的经济效益和生态效益,保证生态资源的完整性和良性循环。[①]

第一,生态产业化是在当前存在城乡二元经济,偏远地区农民期待脱贫致富,城市居民要求提高生活品质、实现绿色消费的背景下产生的,是立足生态资源、缩小区域差距的有效途径,可以更大程度上盘活生态资源,充分挖掘自然资源优势,发展地区特色产业,放大生态服务功能,是“绿水青山就是金山银山”转化路径的现实体现,对促进城乡人口和生产要素双向流动、新生产生活模式的产生具有积极意义。[②]

第二,生态产业化高度倚重于优质的资源禀赋和生态环境条件,以自然地理单元为基础的山水林田湖草系统对于促进生态产业化具有至关重要的作用。生态产业化也是社会现代化、人类对自然资源更好利用的标志。在产业化的过程中需要兼顾生态效应,预先设计产业生态化方案,保护好自然资源,强化对自然资源的管控和

---

① 陈洪波.“产业生态化和生态产业化”的逻辑内涵与实现途径[J].生态经济,2018,34(10):209-213.

② 李敏瑞,张昊冉.持续推进基于生态产业化与产业生态化理念的乡村振兴[J].中国农业资源与区划,2022,43(4):33.

生态屏障建设，在开发中保护，实现生态资源的永续利用。

第三，生态产业化的主要推广区域在农村，首先体现在实现农业自然资源的价值转化。把挖掘生态资源市场价值、改造提升生态服务供给的数量和质量作为关键领域，通过各类先进稀缺生产要素的有机融合，提升生态产品及服务的附加值以鼓励科技创新，推行生态工程产业化，使农业不仅是提供农产品的产业，更具有集生产、生活、生态为一体的多样功能。例如，现代农业技术与地方特色化种植、养殖相结合，电子商务同家户农副产品销售相结合等；尤其是对于生态资源丰富而又未充分开发的偏远地区，需要将资金和人才作为生态产业化的先导，实现经营规模和经营品质上的持续盈利。通过建立具有生态环境服务功能的价值评估体系，使其进入国民经济统计核算体系，让"绿水青山"转变为可计量、可考核、可获得的"金山银山"，以良好的生态条件带动其他产业发展，让优质的生态环境成为有价值的资源，与土地、技术、资本、劳动力等一样，成为支撑高质量发展的生产要素。

同时，生态产业化也需要向其他非传统资源如旅游、水、空气等资源进行开发拓展，通过资源之间的连接与整合产生更高的附加值，打造关联共生的产业网络，如积极发展生态旅游相关产业，从门票旅游向餐饮、住宿、生产、销售的综合旅游产业转变。整合城乡电信、运输、农副产品加工行业，逐步降低生态产业化的实际成本；形成生态产业化链条，打通一、二、三产业，推进产业链条延伸、城市和农村相衔接，从而实现产业结构优化升级和城乡居民共同富裕的目标。生态产业化过程中也需要注意生态资源非排他的公共属性，在市场边界划分、后期利益分配方面需要兼顾公平与效率，使生态产业化在和谐的社会氛围内得到有序推进。

二、产业生态化的内涵与特点

产业生态化是从产业组织管理的角度出发,仿照自然生态的有机循环模式,进行生产流程的生态化改造的过程,通过引入环境友好型新技术、循环高效利用各类资源,将生产活动可能产生的环境生态负担减轻到最小的限度,实现经济效益、社会效益和生态效益的和谐统一,实现产业与自然的协调发展和可持续发展,是产业发展到一定阶段提质增效的必然要求。[①] 从本质上来说,产业生态化就是要求在发展过程中减少对环境的破坏,建立资源节约型、环境友好型的产业结构体系,使产业发展更加符合环境保护要求;对第一、二、三产业进行生态化改造,推动产业转型升级,实现新旧动能转换,促进产业绿色、循环、可持续发展。[②]

20世纪中期,人类开始意识到工业活动会产生显著的环境负效应,实践环境友好型生产方式的产业生态化的概念开始萌芽,例如发展出以"减量化、资源化、再利用"为原则的循环经济模式,推广使用绿色产品标识、新能源等。[③] 我国经历了改革开放后经济的连续快速增长后,产业生态化也成为当前阶段实现供给侧结构性改革和经济高质量发展的内在要求。"清洁生产、循环经济、可持续发展、绿色发展"系列政策指导得到了全社会的广泛响应,生态产业园区、绿色循环园区在各地纷纷建成,生产环境绩效得到显著提高。

---

① 张文龙,邓伟根.产业生态化:经济发展模式转型的必然选择[J].社会科学家,2010(7):44-48.

② 张波,白丽媛."两山理论"的实践路径——产业生态化和生态产业化协同发展研究[J].北京联合大学学报(人文社会科学版),2021,19(1):12.

③ 任勇,陈燕平,周国梅,等.我国循环经济的发展模式[J].中国人口·资源与环境,2005,15(5):137-142.

传统经济发展模式是从自然界获取资源，经过经济系统加工生产出产品以供消费，废弃物排放到生态环境中的模式，遵循“资源—产品—废弃物”的物质单向流动，整个投入产出关系上，形成“高投入、高消耗、低效率、高污染”的特征。产业生态化是按照“绿色、循环、低碳”的产业发展要求，把主要的产业活动纳入生态循环体系，遵循“资源—产品—再生资源”的循环经济模式，是一个保证内部物质循环、对外有投入产出功能的开放系统，不仅从根本上减少资源的消耗浪费，还要提高单位资源的产出率，[①]实现“最佳生产、最适消费、最少废弃”。

产业生态化的应用实施需要根据产业和地区差异化、精准化推进，从城市及周边地区入手，进行所有地区和产业的转化更新。在生产环节，要根据生态、节能、低碳、环保的要求，淘汰低端落后产业；利用先进生态技术改造传统产业，构建循环经济发展模式；培育发展资源利用率高、能耗低、生态效益好的新兴产业。同时企业间以产业集群和生态产业园区的形式将上下游关联产业布局到特定的区域范围内，实现设施共享和资源集约循环利用。在消费领域，引导市场绿色消费，宣扬倡导绿色环保理念，以绿色标识、能效标识、消费者补贴的形式，反向促进生产的生态化进程。制度改革和创新为产业生态化提供有效支撑，我国从资源税按量征收变为按价征收、环境费改税，到碳排放交易市场的范围逐步扩展，有效推动企业集约节约、绿色环保的进程。未来产业生态化需要进一步联系纵向、横向产业，打通生产和消费领域，将绿色循环从产业内拓展到产业间，从生产领域拓展到包括生产、销售、消费在内

---

① 谷树忠.产业生态化和生态产业化的理论思考[J].中国农业资源与区划，2020，41(10)：9.

的全社会领域。

三、“两化”融合发展路径

生态产业化和产业生态化“两化”融合是“绿水青山”向“金山银山”转化的实现路径，具有生态学意义和经济学意义，两者各有侧重，互补互促、相辅相成。产业生态化是生态产业化的前提和保障，而生态产业化是实现产业生态化的必要条件，“两化”协同，才能促进经济社会高质量发展。

首先，生态产业化和产业生态化各有侧重，但是出发点和落脚点是一致的，都是致力于推动经济和社会发展走向生态优先、绿色发展的现代化道路。生态产业化要求将生态资源资本化，按照社会化大生产、市场化经营的方式来提供生态产品和生态服务。把“绿水青山”转化为“金山银山”，要在保护环境的同时，挖掘、开发、创造生态资源；要利用生态资源所具有的丰富性与绿色化、低碳性与健康化等优势，通过包装、整合、开发等可持续手段实现生态资源的产业化、市场化，将生态资源转化为经济财富。

其次，产业生态化和生态产业化是前后相继、互为循环的过程，两者相辅相成，“两化”互动互促互融就是生态优先、绿色发展的新路子。“两化”融合理论框架的建立首先在于辩证思维的建立，厘清二者之间的逻辑关系。一方面，产业生态化是生态产业化的前提和保障。以产业生态化为经营组织原则能够把对自然资源和生态环境的破坏降到最低，可以节约更多生态资源，改善生态环境，为生态产业化奠定良好的生态环境和资源基础，并且随着产业生态化的深入推进，技术水平和管理方法不断优化升级，催生出生物技术、信息技术、新能源技术以及高端设备制造技术等绿色和高新技术，为生态产业化提供技术和设备支撑，由此也将会产生更多更有效的生态产业化模式。另一方面，生态产业化是实现产业生态化的必要条件，是巩固、扩大和转化产业生态化成果的保证路径。产业可持续发展也离不开生态资源的支撑，生态产业化是在保障生态资源的前提下促进产业化，进一步实现生态资源资本化，深入推进生态产业化能够带动环境保护、水资源保护、土壤改良等产业的发展，可以为产业生态化提供清洁原料、生态景观、有机材料等。

推进“两化”融合发展的关键是转变经济社会发展和自然生态保护的思路，在不损害生态环境的前提下，实现资源价值的最大化，将高耗能、高污染、高成本的传统发展思维转换为高起点、高标准、高水平的高质量发展思维，将被动式保护思维升级为绿色创新的主动式保护性发展思维，推进生态与社会的协同发展。在实现路径方面，推进“两化”融合，要坚持以生态优先、绿色发展为导向，引入复杂的系统思维，通过系统性整合，形成由生态支撑、制度保障、经济引领所构建的“三位一体”的理论框架体系，[①]包括山水林田湖草系统性保护和利用框架、自然资源资产化制度保障体系和绿色生态经济体系。“两化”融合发展的理论框架如图 3.1 所示。

其中，山水林田湖草系统性保护和利用是促进“两化”融合发展的生态基础。生态资源是生存之基、发展之本，优质的资源禀赋和生态环境条件对促进生态产业化至关重要，而产业生态化则以资源环境承载能力为底线，随着生态环境的改善，在一定程度上可以拓展产业经济的发展空间，同时，良好的生态环境无形之中也提高了产业发展的标准，倒逼产业强化内在约束，顺应趋势立足生态

① 尚嫣然，温锋华．新时代产业生态化和生态产业化融合发展框架研究[J]．城市发展研究，2020，27(7)：84.

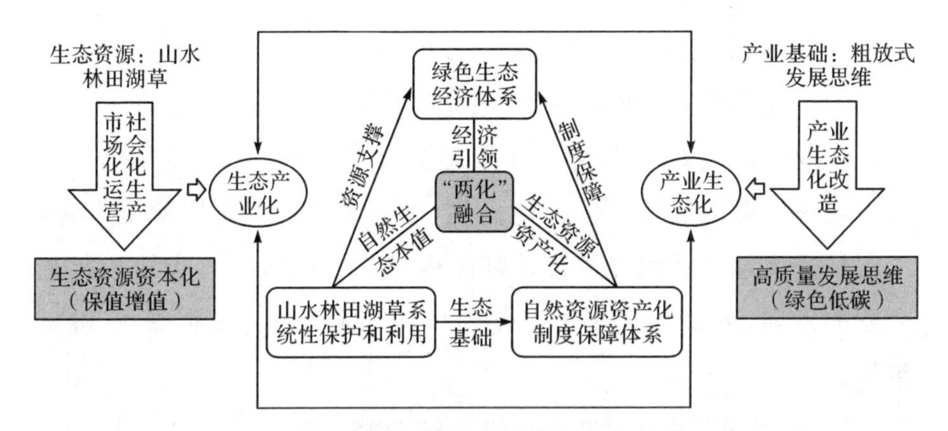

图 3.1 "两化"融合发展的理论框架

优势培育绿色低碳新动能。自然资源资产产权制度是促进"两化"融合纵深发展的一项根本性制度。归属清晰、权责明确、监管有效的自然资源资产产权制度有助于自然资源的市场化交易，盘活存量资源。因此，明晰产权是实现自然资源向自然资源资产转化的关键条件，需要探索建立一套自然资源资产化的制度保障体系。通过"摸清家底、确权登记、价值实现"三步走的制度体系，推进生态系统服务功能价值显现，带动生态产业化，保障"两化"融合落地。绿色生态经济体系的构建是引导"两化"协同发展的核心形式和基本路径。在绿色生态经济体系中，产业以绿色化为主攻方向，其所培育的生态优势经过生态产业化经营，得以实现生态资源的价值增值。自此生态资产因形成自身不断增值的循环而具备了转化为生态资本的条件，使"两化"融合发展进入良性的循环状态，实现生态效益和经济效益的统一。因此，绿色生态经济体系框架的建设需要落实三个层面的工作，一是坚持以绿色发展理念为引领，保护生态本底；二是强化制度支撑，构建科学完善的产权认定、价值核算、生态补偿以及市场交易等制度机制，保障生态资源资本化；三是优化产业结构，创新发展路径，改造提升旧动能，培育绿色新动能，降低产业发展对生态资源环境的损耗，建立互利共生的产业生态系统。

第二节　生态修复发展循环经济

“绿色浙江”建设的中心是发展包括生态农业、生态工业、生态服务业在内的生态产业。发展高效生态农业让人民看到了“绿色浙江”的蓬勃希望。同时，在生态优先、绿色发展的思想指导下，浙江依托绿色、循环和低碳等发展方式促进生态修复，推进产业经济转型升级，大力培育新的经济增长点。其中，循环经济是解决好工业发展对资源和生态环境压力的关键，是实现生态产业发展和绿色可持续发展的重要途径。

一、循环经济“911”行动计划

“发展循环经济是走新型工业化道路的重要载体，也是从根本上转变经济增长方式的必然要求。”[①]“要抓试点示范和不同层面的有序推进，围绕减量化、再利用、资源化的基本原则，积极倡导清洁生产和绿色消费，形成企业间生产代谢和共生关系的生态产业链，在典型示范中引导公众参与建立循环型社会。”[②]习近平同志的这段话精辟地指出发展循环经济、探索切实可行的发展路径的迫切性。要把发展生态经济特别是循环经济摆上重要位置，转变经济增长方式和发展模式，不断调整优化生产力布局，促进经济发展加快从先污染后治理、高消耗高污染型向资源节约型和环境友好型转变，这是奠定生态文明建设大厦的应有之义。

---

① 习近平.发展循环经济要出实招[N].浙江日报，2005-05-11(1).

② 习近平.发展循环经济要出实招[N].浙江日报，2005-05-11(1).

习近平同志多次语重心长地提醒,治理污染既要还清“旧账”,又要不再产生“新债”。因此,发展循环经济就成为最佳的选择。在习近平同志的倡导和组织下,浙江有序推进循环经济,并把它作为生态省建设的一个中心环节。2005 年,浙江全面启动发展循环经济、建设节约型社会的工作。2005 年 4 月,习近平同志在浙江省生态省建设工作领导小组会议上强调,发展循环经济是一项系统工程,从宏观上强调“两个机制”,一是充分发挥市场机制的作用;二是逐步建立健全生态补偿机制。[①] 5 月,习近平同志主持浙江省委财经领导小组会议,专题听取浙江发展循环经济的工作汇报。6 月,浙江省委、省政府专门召开全省循环经济工作会议,习近平同志在会上作了题为“大力发展循环经济,积极探索科学发展的新路子”的讲话;随后,浙江省委、省政府建立了以习近平同志为组长的浙江省发展循环经济建设节约型社会工作领导小组。8 月,浙江省政府出台《浙江省循环经济发展纲要》,对浙江同一时期内发展循环经济各项工作提出明确要求。

循环经济是按照自然生态系统物质循环和能量流动规律重构经济系统,使经济系统和谐地纳入自然生态系统的物质循环过程中,建立起一种新形态的经济。作为经济大省和资源小省,浙江积极探索一条具有地方特色的循环经济发展之路。2005 年,浙江省政府以实施“4121”示范工程为切入点和抓手,全面推进全省工业循环经济发展。“4121”示范工程的概念,就是在全省范围内确定 4 个市、10 个县(市、区)、20 个工业园区(块状经济)和 100 余家企业,作为工业循环经济首批试点单位,通过试点示范,提供经验,以

---

① 习近平. 干在实处 走在前列——推进浙江新发展的思考与实践[M]. 北京:中共中央党校出版社,2006:193-194.

点带面，发挥工业循环企业引领作用。2005 年 6 月 21 日，《浙江省发展循环经济实施意见》和循环经济“991”行动计划出炉，这是浙江走新型工业化道路、避免新污染的一大治本之策。2011 年，浙江省政府正式印发了《浙江省循环经济“991”行动计划（2011—2015）》，其总目标是：到 2020 年循环型社会建设处于全国领先水平，基本建成经济与环境协调发展、人与自然和谐共生的经济社会发展模式。万元 GDP 能耗、水耗，社会用水重复利用率，主要污染物排放强度，土地投资强度，废物回收处理，生态工业园和生态小区建设均能达到经济发展要求。循环经济“991”行动计划这项系统工程概括了 9 大重点领域、9 个一批抓手和 100 个重点项目，既有产业、企业、园区、社区、产品、项目等硬件，又有技术、政策、法规、体系等软件，形成了一个完整的循环经济工作链。浙江省还通过制定循环经济的地方性法规、建立国民经济绿色核算制度、省财政每年建立循环经济发展专项资金等措施，来保障全省的循环经济体系。

补充阅读

浙江循环经济“991”行动计划是什么？

9 大重点领域：

一是发展资源环境友好型产业。运用先进技术改造传统产业，优先发展节能、节水、节地等资源节约型的现代服务业和先进制造业，合理确定资源消耗量大的重化工发展规模。变招商引资为招商选资，防止发达国家转移资源消耗大、环境污染重的产业。

二是全面推行清洁生产。对污染物严重超标企业和使用有毒有害原材料企业实施强制性清洁生产审核，逐步建立完善可行的清洁生产管理体制和实施机制。努力从生产、服务的源头和全过程实现污染物的减量化、资源化、无害化。

三是加强资源综合利用。提高工业“三废”综合利用率,推进废旧物资的回收、加工和再生利用,积极发展资源再生产业,推进重点资源回收循环利用体系建设。提高矿产资源利用效率,推广利用废渣生产烧结空心砖,开发利用新型墙体材料。同时要强化工业危险废物、医疗废物、废旧放射源的集中处理和回收。

四是推进工业园区生态化改造。污染项目集中布点、集中治理、达标排放,按照产业链、供应链的有机联系,逐步实现物质和能量的循环。制定生态工业园区评价标准。

五是积极发展高效生态农业。推广以沼气为纽带的生态农业开发模式、以农田为重点的粮经作物轮作模式。积极发展绿色名特优农产品,建立绿色农产品认证体系,建立绿色食品和有机食品生产基地。

六是加快技术开发和推广应用。重点开发应用资源节约和替代技术、能量梯级利用技术、水资源重复利用技术、废弃物再生利用技术、“零排放”技术、可再生资源开发利用技术等。鼓励发展垃圾发电、风力发电,以及海水淡化、中水回用等技术设备和产业。

七是建设生态城市和生态乡镇。提高城镇污水处理、中水回用和垃圾资源化利用水平,开展绿色社区创建活动。结合实施“千村示范、万村整治”、生态公益林建设、万里清水河道整治、千万农民饮水工程、青山白化治理,创建一批生态乡镇。

八是努力倡导绿色消费。引导住房适度消费,推广“绿色建筑”,限制商品过度包装,提倡使用节能环保型交通工具。政府机构要带头推行绿色消费,率先采购绿色产品,实施办公区人均电耗、水耗和公务用车油耗定额管理。

九是建立完善政策法规。逐步建立健全促进循环经济发展的政策法规和规章体系。提出循环经济立法和标准化建设计划，研究制定节能、节水、节地、节材和清洁生产、资源综合利用等有关政策法规的实施细则。加大政策法规的执行和监督力度。

9个一批抓手：

一是一批循环经济示范企业。在全省范围内选择100家企业作为省级工业循环经济首批试点单位。

二是一批生态工业示范园区。争取在2007年前建成20家左右的生态工业示范园区。

三是一批高效生态农业示范园区。到2007年，建设100个高效生态农业示范园区和海洋生态渔业示范园区，建设400个实行标准化生产的桑、茶、果、蔬菜、食用菌、中药材、花卉、畜禽、渔业等特色优势农产品基地，建设一批农村沼气、太阳能利用、节水灌溉、人畜粪便资源化项目，以及海洋生态养殖区、人工增殖放流区等。

四是一批绿色建筑和绿色社区。建设数百家自然通风、超低能耗、天然采光、再生能源、绿色建材、智能控制、资源回收、污水净化、生态绿化的建筑小区；创建一批实行垃圾分类拾拣、污水入网处理和中水回用的绿色社区。

五是一批节能、节水、节地示范工程。实施一批节约降耗示范工程。实施“千万亩十亿”节水工程。进一步搞好工业用地投资强度和容积率“双控”。

六是一批政府扶持和鼓励使用的绿色产品。制订公布全省“循环经济产品政府采购清单”，政府带头使用并扶持若干绿色产品。

七是一批循环经济技术开发和应用示范工程。新能源开发技术、清洁生产技术、企业“零排放”技术、绿色化学合成技术、资源节约和替代技术、水资源循环利用技术、城市垃圾无害化处理技术、“短程生态农业”开发技术。

八是一批废弃物处置和回收利用项目。抓好一批再生资源回收企业。加强对废旧汽车、计算机、家用电器、电池、轮胎和废钢铁、废有色金属、废纸、废塑料、废玻璃等大宗资源的回收利用。

九是一批促进循环经济发展的政策法规。出台一批能耗限额、取水定额和土地集约利用、城市生活用水、建筑节能等标准化文件,实施若干加强再生资源回收利用、危险物品处置等体系规范。

100个重点项目:

依据9大重点领域和9个一批抓手,计划组织实施100个左右、总投资达397亿元、能在2007年前后基本建成并发挥效益的循环经济重点项目,主要包括重点的节能工程、节水工程、园区生态化改造工程、清洁生产工程、清洁能源建设工程、再生资源回收基地、生态物流中心、海水淡化、人工鱼礁、风力发电、脱硫除氨等项目。

资料来源:浙江实施“991”行动计划构建循环经济体系[EB/OL].(2005-06-24)[2022-10-15]. http://news.sina.com.cn/c/2005-06-24/10326258980s.shtml.

二、浙江省发展循环经济的成效

第一,节能降耗工作成效显著。节能降耗是企业转型升级的必经之路,也是浙江实现高质量发展的必然选择。自2002年起,浙江即着手开展较大规模的节能减排工作,并逐步将其作为推进循环经济工作的一部分。2005年8月19日,浙江省政府出台《浙江省循环经济发展纲要》，明确把“推进节能和新能源开发，提高能源使用效率”作为其中一项重要内容。坚持资源开发与节约并重，节能降耗工作成效明显，总体发展水平居全国前列。同时，“十二五”期间浙江加大高污染、高耗能行业转型升级力度，整治造纸、印染、化工、电镀、制革、铅蓄电池六大行业。在污染排放总量明显下降，企业周边及工业集中区的水、气环境质量明显改善，公众投诉大幅下降，企业数量大幅减少的同时，六大行业总产值却大幅增长，治污减排优化产业转型升级的成效明显。“十三五”期间，浙江省以能源“双控”倒逼经济转型，深入实施资源循环利用重大工程，资源利用效率稳步提升。创建了 5 个国家级和 33 个省级资源循环利用示范城市（基地），深入推进 9 个国家级和 35 个省级园区循环化改造示范试点，初步构建区域资源循环利用体系，能耗强度持续降低。2016—2019 年全省单位 GDP 能耗累计下降约 14.2%，“十三五”期间，万元生产总值能耗从 0.45 吨标煤降至 0.37 吨标煤。

第二，落后产能淘汰势头良好。国家要求淘汰落后产能，浙江不折不扣予以严格落实。对照国家规定的重点行业，2017 年全省共完成淘汰炼钢产能 270 万吨、电解铝产能 15 万吨、铜冶炼产能 0.17 万吨、水泥产能 30 万吨、造纸产能 3 万吨、制革产能 50 万标张、印染产能 10 亿米、铅蓄电池产能 30 万千伏安时，8 家地方燃煤热电企业实现全厂关停。国家规定行业淘汰落后产能涉及企业 72 家，相关主体设备均按国家要求进行拆除并通过省级验收。除“规定动作”之外，浙江主动加压，在全省范围内制定实施了范围更大、要求更严的淘汰标准。2017 年，全省工业行业共淘汰 30 多个行业 2690 家企业的落后和严重过剩产能。

第三,高标准推进生态工业园区建设。为推进生态工业园区建设,2013 年浙江省出台了《关于进一步推进浙江省开发区(工业园区)生态化建设与改造的指导意见》,鼓励各地开展生态工业园区创建和生态化改造。国家生态工业示范园区是依据循环经济理念和工业生态学原理设计建立的一种新型工业组织形态。国家生态工业园区成为我国继经济技术开发区、高新技术开发区之后的第三代工业园区的主要发展形态。2017 年,环保部公布 45 个国家生态工业示范园区名单,其中,浙江省宁波经济技术开发区、宁波高新技术产业开发区、杭州经济技术开发区、温州经济技术开发区 4 个园区进入"国字号"生态工业园区名单。同时,环保部还批准了杭州湾上虞工业园区、嘉兴港区、杭州钱江经济开发区、杭州萧山临江高新技术产业园区等 4 个园区进行国家生态工业示范园区建设。

第四,企业清洁生产扎实推进。自 2003 年以来,浙江省先后颁布《中共浙江省委关于推进生态文明建设的决定》和《浙江生态省建设规划纲要》等文件,明确大政方针和决策部署,并印发《浙江省人民政府关于全面推行清洁生产的实施意见》《浙江省清洁生产审核暂行办法》《浙江省清洁生产审核验收暂行办法》《关于全面推行清洁生产审核工作的通知》等规范性政策,构建系统的清洁生产政策法规体系,为推进清洁生产奠定了坚实基础。同时,浙江省围绕环太湖、钱塘江等重点流域和高消耗、高污染等重点行业,分批组织企业开展自愿性和强制性清洁生产审核,成效显著。清洁生产审核,指按照一定程序,对生产和服务过程进行调查和诊断,找出能耗高、物耗高、污染重的原因,提出降低能耗、物耗、废物产生,以及减少有毒有害物料的使用、产生和废弃物资源化利用的方案,进而选定并实施技术经济及环境可行的清洁生产方案的过程。企业通过不断改进设计，使用清洁能源和原料，采用先进的工艺技术与设备，改善管理，综合利用资源等系统措施，从源头削减污染，提高资源利用效率，减少或者避免产品在生产和使用过程中污染物的产生和排放。

第三节　依托“绿水青山”发展绿色产业

保护生态和发展经济通常被认为是一种两难选择。总结浙江在处理好保护生态和发展经济关系中探索“生态优先、绿色发展”的实践与做法，对于一个地区将自身资源生态优势转化为经济社会发展优势，实现高竞争力、高性价比、高收益的高质量发展，推进生态优先、生态脱贫、生态富民，具有重要现实意义。

在经济发展的初期，尤其是工业化起步阶段，“绿水青山”的生态往往不被认为是优势，总是与山区恶劣的交通条件相联系，总是与狭窄的生产空间相联系，也和偏远的区位相联系。浙江的仙居、开化、遂昌和定海，是浙江典型的山区海岛县(区)。它们的资源禀赋比较相似，都有丰富的绿色资源，人口密度相对较低，村庄分布散落。这四个地区也有类似的区位特点，不仅距离大都市较远，所在区域的中心城市的经济总量也较小，甚至处于中心城市边缘。这些地区大多交通基础薄弱，无论是区域内部还是区域与中心城市、都市圈之间，都缺少有效的要素辐射和产业分工。在传统发展理念下，这些生态资源比较丰富但区位比较偏远的区域，经济发展相对滞后与生态环境保护的矛盾始终无法解决。在生态优先、绿色发展思想的指引下，这些区域的“绿水青山”被放置于更大的开放空间,通过统筹协调好城乡的生态资源,认准了为城市、大都市和全世界保护"绿水青山"的路子,借着城乡融合、开放发展的大平台,绕过传统发展模式下"大开发、大破坏"的怪圈,打开了生态优先、绿色发展的大思路。

一、山区海岛县(区)生态与产业基础:实现协同发展

仙居县位于浙江台州市西部,素有"八山一水一分田"的说法,是国家级生态县和国家公园试点县,为全省首个绿色化发展改革试点。从 2005 年至今,仙居始终如一贯彻和践行生态优先、绿色发展思想,努力写好山水文章,积极打造山水城市,走出了一条新的绿色化发展道路。实践"绿水青山就是金山银山"理念,走绿色发展道路的显著成效,集中体现在产业结构的优化上。第三产业和第一产业在差不多的占比水平上同时起步,而第三产业比重稳步提高,已经超越了第二产业,第一产业比重持续下降并稳定在10%左右。

遂昌县地处浙江西南部,隶属于浙江省丽水市,作为钱塘江、瓯江的两江源头,是浙江省重要的生态屏障。遂昌森林覆盖率在80%以上,拥有全国首个以县域命名的国家森林公园。在早期发展中,山与水曾经阻碍了遂昌的工业化进程;在生态经济背景下,山与水成了遂昌致富之源。遂昌践行"绿水青山就是金山银山"理念,表现在产业结构调整上形成了自己的特色。2000 年后,遂昌的第一大产业是工业,同时在工业强县思路指导下,遂昌接受了发达地区的产业转移,第一产业比重一度快速上升。但随后工业化比重在相当一段时间内上下波动。2005 年后,产业结构相对稳定下来,第一产业比重迅速下降,工业制造业保持稳中有降,而第三产业保持了良好的发展势头。遂昌在"绿水青山就是金山银山"理念

的指导下，立足生态，敢想敢干，通过绿色化发展实现了美丽蜕变。乡村休闲旅游、原生态精品农业、农村电子商务等一系列遂昌模式，用事实证明了“绿水青山就是金山银山”理念的科学性。

开化县地处浙皖赣三省七县交界处，是浙江母亲河——钱塘江的发源地，是全国9个生态良好的地区之一，早在2008年之前就被国家环保总局确定为“华东地区重要的生态屏障”，实现了“国家级生态乡镇”全覆盖。2000年前后，开化正处于发展的关键时期，工业化即将启动，三次产业比重处于均衡水平。这是一个关键的选择节点，当时浙江省发达县（市）的第二产业比重都在60%上下，而开化却只有30%左右，且与第一产业的比重相当。随后，第二产业的比重一路上扬，第一产业的比重不断下降，但是第三产业的比重停滞不前。开化在大力发展传统产业的同时，不可避免地遭遇了资源和环境的制约。2006年8月，习近平同志到开化调研，对开化生态环境资源给予高度评价，要求开化发挥绿水青山这一最大优势，走绿水青山发展道路。开化绿色发展正式启动，产业结构向着“绿水青山就是金山银山”的方向发生转变。在整治污染、整顿产业和保护环境的诸多努力下，也在“绿水青山就是金山银山”理念的鼓舞下，立足于山水生态的旅游业和发展迅速的文化产业，第三产业比重稳步上升，而第二产业比重持续下降。作为一个欠发达的生态县，开化坚持绿色发展引导产业结构转型升级，实现了从传统工业化到生态产业化的大跨越。

定海区是“千岛城市”舟山市的桥头堡。2011年后，国家先后批准了浙江省海洋经济发展示范区和舟山群岛新区的改革发展试点方案，舟山市成为浙江海洋经济“一个中心、四个示范区”发展战略的重心所在。定海区并不在欠发达地区行列，它的资源禀赋独特。在2009年舟山连岛大桥通车之前,海岛与内陆的交通仅靠速度较慢的水运,自然也就与中心城市、城市圈等经济增长极的经济联系不够紧密,受到的经济辐射有限。定海区实践"绿水青山就是金山银山"理念,很注重保护和利用独特的海岛资源、渔农资源,这一点与山区欠发达地区非常相似。2007年以后,第三产业比重开始上升,并超越了第二产业,成为海岛区的第一大产业。鉴于资源独特性、区位偏远性和绿色发展的共性,定海区更加适合走保护独特资源、做大山水产业的路子。

二、山区海岛县(区)生态产业化:培育绿色功能

仙居曾是一个典型的山区县,经济总量小,产业结构单一,粗放的发展模式使得山清水秀的仙居逐渐失去原本的面貌和特色。面对这样的情况,仙居县委、县政府开始思考:到底什么才是适合仙居的发展道路?是像许多地方一样"先发展后治理",走一条拿"绿水青山"换"金山银山"的老路,还是立足于生态优势,走一条科学跨越的新路?仙居人通过反省与讨论,认识到守住"绿水青山",最终将得到"金山银山",生态就是仙居的优势和潜力。仙居将改革和治理双管齐下,整合各部门的力量,促进各区域协调有序发展,树立正确的政绩观,逐渐构建起生态型战略体系。仙居找准城市个性,硬件、软件同步提升,利用文化积淀在特色鲜明的旅游业上做足文章。"仙闲"是仙居的生活方式,是城市个性。仙居拥有下汤新石器、佛道儒、建筑、岩画、商贸、耕读、民俗等多种独具特色又和谐互融的文化,厚重的文化底蕴赋予其巨大的包容性。仙居不断做大生态产业,不断完善以经济开发区、旅游度假区、台创园等为主体的产业平台,以"杨梅经济""油菜花经济"等为代表的三次产业融合发展,乡村旅游与节庆旅游为农民增加了收入,工业、

农业、文化等与旅游协调互融，带动了城乡发展。

遂昌县顺应“互联网＋”的时代潮流，发展农村电子商务。在遂昌模式的农村电子商务中，政府扮演了很重要的角色，在培训、管理、物流、经贸等部门的协调中都有政府的大力扶持。2010 年，遂昌网店协会成立，为本地电商公共平台提供服务，帮助网商零成本开店，实现农副产品的集约化营销。遂昌与淘宝网开展战略合作，淘宝网首家县级特色馆——“特色中国 · 遂昌馆”于 2013 年 1 月 8 日上线，开馆当日产品销售额达 250 万元。遂昌馆不仅售卖特产和原生态农产品，还提供景点门票、酒店服务等旅游产品，探索“以销定产”的销售模式。遂昌先后承办了中国农产品电子商务高峰论坛、原农业部的信息进村入户试点工作推进会及商务部、财政部的农村电子商务现场会等一系列活动，进一步提高了对外知名度。遂昌县行政推动力和市场活力两手抓，积极推广“农村互联网＋生态”“草根创客＋乡村工匠”模式，构筑起“赶街”、嘉言民生、企协网齐头并进的电商化格局。

开化县作为钱塘江水源地，为了保护水源地生态环境，关停了一批砖窑、工矿、造纸、化工等污染企业，告别了“吃木头、吐污水”和“靠山吃山”的做法。县域发展轨迹开始转向，避免了走省内工业强县先污染后治理的老路，践行生态优先、绿色发展，形成自身特色体系，“全域景区化、景区公园化、经济生态化”，构筑三大功能区、十大细分功能区、八大体系等县域发展格局，为创新提升“绿水青山就是金山银山”发展路径打下坚实基础，探索全县域建设国家公园成为开化生态文明建设和绿色发展水到渠成之举。2013 年，开化提出建设国家公园的宏伟设想，坚持把建设开化国家公园作为“生态立县”发展战略的创新和延续，作为山区科学发展试验区建设的“开化样本”。打造中国东部物种基因库、浙江水源保护地、长三角休闲养生公园。将三大主体功能区域细分为十类功能分区,细化主体功能分区到乡、到村,形成人口、经济、资源、环境相协调的空间格局。国家公园发展战略是区域经济协调发展的战略,把国家公园与生态农业经济、乡村旅游经济、生态旅游经济有机结合,使生态文化、农耕文化、民俗文化和民族文化相融合并得到传承,为山区县域提供了可持续的发展动力。

定海区统筹海陆、城乡资源,形成了“南生活、中生态、北生产”的空间发展基本框架。定海城区是核心,重点发展以现代服务业为核心的城市经济,三条带状空间划分为南部服务经济带、中部生态经济带和北部临港产业带。合理利用“海、港、桥、岛”生态环境资源,大力发展符合生态可持续发展要求的港航物流、海洋旅游、海洋文化创意等现代服务业。利用好“海”的优势,逐步形成了粮食物流、海洋水产品加工、海洋装备、石化加工等海洋优势产业;利用好“港”的优势,深化发展绿色船舶产业,集聚了一批规模化的船舶企业并设立了船舶设计研发中心;利用深水岸线和水道,集聚了一批海工装备企业,有能力提供最先进的海洋石油钻探生活辅助平台,正逐步成为定海的战略性支柱产业。

三、山区海岛县(区)产业生态化:走向绿色发展

山区海岛县(区)拓展发展眼光,面向都市圈,面向国际。不可移动的山水资源、农耕文化资源不仅是山区独特资源,还是有广阔市场的资源,把这些资源用产业化的思路运作起来,做好山水产业的文章,发展各种形式的休闲体验旅游业、文化产业,“绿水青山”就可以变成“金山银山”。

仙居县以开放理念、国际化视野推进旅游业发展。仙居坚持

"五化同步"(国际化、高端化、品牌化、集团化和信息化)发展路径，将仙居名片推向世界。仙居作为长三角最佳慢生活旅游目的地，地处台金温丽四市交界，随着杭温高铁、台金铁路的修建，交通变得十分便捷。在景城一体、全域景区化要求下，城市综合建设和服务水平极大提升，也开启了世界自然遗产申报工作，正在创建国家公园，这些都将为仙居扩大国际性影响。仙居优化宣传策略，加大宣传力度，通过中央电视台、新华社等一批有影响力媒体的宣传推介，拓展国际市场。仙居对外开放，不断增加与波兰扎科帕内等友好城市的文化交流活动；对内搞活，引进海亮有机农业、湿地主题酒店、养生综合体等众多项目，营造世界性吸引力，大踏步迈向国际旅游目的地城市。

开化县借力探索国家公园体制创新和综合开发，以国家公园为大平台，发展山水休闲产业、美丽乡村休闲产业。按照"全域公园化"要求，构建实施"一心、五条旅游走廊、五大功能区、五条精品路线、十大公园集群"的"1＋5＋5＋5＋10"国家架构体系。"一心"，即以钱江源省级旅游度假区为核心(含根宫佛国文化旅游区、中国根艺产品交易区、南湖旅游综合体、旅游集散中心)；"五条旅游走廊"，即开化—黄山、开化—淳安、开化—玉山、开化—婺源、开化—衢州等开化至周边五大著名景区1小时休闲旅游走廊；"五大功能区"，即东部拓展体验区、南部休闲度假区、西部科普体验区、北部康体养生区、中部创意农业观光区；"五条精品线路"，即源味山水线、民俗文化线、山地体验线、观光农业线、康体运动线五条乡村旅游精品线路；"十大公园集群"，即根艺文化公园、龙顶茶实景园、森林博览园、花卉主题公园、动漫创意园、康体养生园、城市水景公园、红色公园、民居民谷园、湿地公园等。

定海区作为全国唯一的海岛历史文化名区,注重生态、文化、经济的有机融合,通过文化提升"绿水青山"在山水产业中的社会价值,充分挖掘海岛固有的海洋文化来提升海洋旅游品质。定海区新建社区于2009年启动建立全国艺术院校大学生实践基地、青少年夏令营基地、艺术家休闲养生基地、"村官"培训实习基地以及一批海岛休闲农庄。坚持休闲、旅游、文化、采风等元素连片发展,着力打造国家级文创基地、大学生艺术采风基地、海洋影视拍摄基地、渔民画产业基地、红色教育基地、戏剧戏曲基地等六大基地,大力发展创意壁画、乡村音乐、户外运动、农渔家乐、徽派民宿等五大特色主题。2016年,新建社区被授予"全国生态文化村"称号,这也是舟山市唯一获此殊荣的社区。

遂昌县认准生态优势就是经济优势,做强主导产业,做优特色产业。遂昌有4个国家4A级景区和5个3A级景区,依托景区资源,开发设计出具有深厚内涵的养生旅游产品,将中国传统文化中的金、木、水、火、土元素融入县域旅游品牌,开发中国黄金之旅、森林养生之旅、竹炭之旅、温泉漂流之旅、红色之旅、乡村旅游之旅与原生态农业之旅。随着乡村休闲的兴起,遂昌抓住时机,开展了"六边三化三美"工作,结合美丽乡村建设,整合闲散资源,完善乡村相关配套设施,培育乡村休闲旅游,响应丽水市组建"农家乐综合体"号召,积极促进同质化较严重、层次较低的农家乐向精品民宿转变。为了保证品质,遂昌严格制定农产品标准规范和技术规范,开办新型职业农民茶叶培训班和中药材培训班等帮助农民提高种植水平,打响了山茶油、龙谷香茶、龙谷丽人茶、红心猕猴桃、烤薯、竹炭、石练菊等一系列遂昌特色品牌。遂昌的绿色发展赢得了多方肯定和支持,成功入选国家可持续发展试验区和全国旅游标准化试点县。

补充阅读

浙江山区海岛生态发展路径共性经验

长期以来，浙江历届省委、省政府对山区发展极为重视，在山区资源环境保护、山区百姓脱贫、山区公共基础设施建设、山区特色产业发展等方面取得了明显成效。纵观浙江山区海岛跨越式发展实践，共性发展路径可以概括为以下四点。

一是大力发展绿色生态农业，促进山区农业精品化提升。在山区发展绿色生态现代农业，促进山区农业的精品化提升和产业化发展，是确保山区经济发展按照自身的比较优势有序推进，实现山区生态文明建设和产业发展"双向突进"的重要抓手。

二是发展绿色高新工业，促进山区工业生态化提升。结合浙江山区资源优势，重点推进旅游产品开发和特色农产品深加工，鼓励扶持企业和个人开展特色旅游商品研发、技术升级和品牌创建，形成一批区域特色明显、产品适销对路、科技含量较高的名优特产品。在发展绿色高新工业的过程中，注重区域联动和产业联动，结合浙江建设海洋经济大省、海洋经济强省大好机遇，大力推动山海协作、山海联动，进一步探索浙江山区与发达沿海地区、平原地区的合作新模式。抓住沿海发达地区产业转型升级机遇，大力引进和发展绿色高新工业，强化生态准入门槛，避免走"先污染后治理、边污染边治理"的传统工业化发展模式。

三是发展绿色休闲旅游，促进山区旅游产业化提升。浙江山区立足好山好水好资源的生态本底，大力发展山区生态旅游，加快实现山区旅游的休闲化、景区化、养生化、集成化和产业化提升。树立生态旅游理念，实现旅游业生态化消费；加强生态旅游规划，实现旅游业生态化管理；加快旅游要素生态化建设，实现旅游业生态化运营;打造生态旅游品牌,推动旅游业生态化发展。

四是强化生态发展,实现山区生态系统优化。坚持环境保护和生态建设并重方针,使浙江山区环境质量满足功能区要求,生物多样性得到充分保护,抗灾减灾能力明显增强,山区经济社会发展的环境支撑能力不断提高。开展流域生态环境保护,制定流域生态环境保护规划,积极开展流域综合治理,加强流域的生态环境管理。建立上下游生态环境保护利益机制,协调好上下游地区经济布局、城镇建设和生态环境保护。在生态环境脆弱地区,实施必要的生态移民。

资料来源:顾益康. 生态文明是山区可持续发展保障——来自浙江的经验和实践[J]. 中国生态文明,2014(1):66-71.

第四节　依托"绿水青山"打造美丽乡村

浙江省是美丽乡村建设的起源地。2008 年,浙江省安吉县率先开展了"中国美丽乡村"建设,并计划用 10 年左右的时间,把安吉建成"村村优美、家家创业、处处和谐、人人幸福"的现代化新农村样板。2010 年,浙江省全面推广安吉经验,将美丽乡村建设上升为全省战略。2013 年,中央一号文件《中共中央　国务院关于加快发展现代农业进一步增强农村发展活力的若干建议》第一次提出了建设美丽乡村的奋斗目标,至此,美丽乡村建设成为一项国家战略。

早在 2003 年,时任浙江省委书记习近平亲自调研、亲自部署、亲自推动"千村示范、万村整治"工程,开启了浙江美丽乡村建设的新篇章。浙江省第十三次党代会召开以来,省委、省政府与时俱进地提出打造美丽乡村升级版的新要求。2016 年,浙江省在全省范围内开展美丽田园建设，在《浙江省人民政府办公厅关于开展打造整洁田园建设美丽农业行动计划》的指引下，从"千村示范、万村整治"工程，到美丽乡村建设，再到美丽田园建设，浙江已成为宜居宜业宜游的美丽乡村建设的标杆省。到 2017 年底，浙江全省培育了美丽乡村创建先进县 58 个，创建美丽乡村示范县 12 个。"十三五"以来，浙江根据《浙江省深化美丽乡村建设行动计划（2016—2020 年）》，不断深化"千万工程"，全面打造"美丽乡村"升级版，深入实施乡村振兴战略，推动美丽乡村建设从"一处美向全域美、一时美向持久美、外在美向内在美、环境美到发展美、形象美到制度美"的转型升级，为全国美丽乡村建设提供了高水平的浙江样板。在建设过程中，涌现了安吉模式、德清模式等具有代表性的建设模板，为全国推广美丽乡村建设起到了示范作用。

一、安吉县美丽乡村建设的做法

（一）安吉县打造美丽乡村的发展历程

浙江省安吉县在"绿水青山就是金山银山"理念的实践样本中，有着特殊的地位和意义。安吉区位优越，毗邻杭州，地处浙江西北部、长三角经济圈的几何中心。安吉人民的生态意识觉醒得比较早，尤其是 2005 年 8 月 15 日习近平同志到安吉考察，首次提出"绿水青山就是金山银山"理念后，安吉以此为发展方向和奋斗目标，大力实施生态优先、绿色发展战略，加快美丽乡村建设，为全国美丽乡村建设提供了一个可学习、可复制、可推广的样本。[①]

第一，最早实施生态立县战略，打造全国首个生态县。20 世纪

① 郭占恒."两山"思想引领中国迈向生态文明新时代[J].中共浙江省委党校学报，2017,33(3):24.

80 年代,为摘掉“贫困县”的帽子,安吉开始走“工业强县”之路。一心致富的安吉人,大兴工业,砍竹造纸,下河挖沙,开矿烧石灰。90 年代末,安吉一跃成为小康县,但付出的代价是巨大的:清澈的河水变成了酱油色,冒着浑浊的泡泡。痛定思痛,安吉人意识到,发展经济不能以牺牲环境为代价,不能牺牲“绿水青山”换取“金山银山”。2000 年,安吉明确提出了生态优先、绿色发展的生态立县战略。2003 年,顺应全省开展的“千村示范、万村整治”工程,安吉又进一步全面展开生态县建设,先后关闭了 30 多家污染企业,关停了有 30 年造纸历史、规模和税利列全县之首的孝丰纸厂。2006 年,安吉县夺得“国家生态县”桂冠,迈出了走生态优先、绿色发展,“绿水青山就是金山银山”之路的第一步。

第二,最早开展美丽乡村建设,打造美丽乡村中国样本。在生态县建设基础上,2008 年安吉率先提出建设“中国美丽乡村”。围绕“村村优美、家家创业、处处和谐、人人幸福”四个方面,开启生态文明建设的新篇章。一是坚持规划引领,把全县作为一个大乡村、大景区来规划,同时注重与县域经济发展总体规划、生态文明建设规划、新农村示范区建设规划纲要、乡(镇)村发展规划等相衔接,按照“一村一品、一村一景、一村一业、一村一韵”的要求,编制《安吉县新农村示范区建设规划纲要》《“中国美丽乡村”行动纲要》《“中国美丽乡村”建设总体规划》等,实现“多规合一”。二是坚持“政府主导、农民主体、政策推动、机制创新”的工作导向,加强部门协同,注重财政引领,充分调动基层组织和群众创建热情,全力推进美丽乡村建设。三是坚持推动产业转型,围绕“一产接二连三”“跨二进三”,大力推进休闲农业和乡村旅游发展,培育一批有较强区域特色、有竞争优势的专业特色村和特色产业,实现从“卖产品”

到“卖风景”，再到“卖环境”的历史性转变。四是坚持城乡统筹，率先开展城乡一体化通道、垃圾污水处理、文体设施、医疗卫生服务、社会保障等建设，实现城乡基本公共服务均衡化。五是坚持改革创新，包括创新土地承包经营权及林权流转制度、创新农村建设投融资体系、创新农村社区长效管理机制等，提高美丽乡村建设和管理水平。

第三，最早实行美丽乡村标准化，打造美丽乡村升级版。安吉历来高度重视新农村标准化建设工作，早在 2006 年就按照习近平同志提出的“加强标准化工作，实施标准化战略”的要求，制定发布了省级地方标准——《生态村建设规范》，指导新农村生态建设与保护工作。2008 年提出建设“中国美丽乡村”后，随即全面开展“一个中心、四个方面、三十六项指标”及近 400 项规范的标准化创建与考核工作。2010 年，安吉被国家标准委列为“中国美丽乡村国家标准化示范县”，并制定出台《安吉美丽乡村标准化示范县创建实施方案》，确保标准化创建的目标、任务和措施落实到位。2014 年 4 月，浙江发布实施全国首个《美丽乡村建设规范》省级地方标准，使美丽乡村建有方向、评有标准、管有办法。在此基础上。2015 年 5 月，国家质检总局、国家标准委颁布了《美丽乡村建设指南》的国家标准，为全国开展美丽乡村建设提供了框架性、方向性技术指导，使美丽乡村建设有标可依、有章可循、有据可考。

从 2005 年到 2015 年这十年，安吉按照习近平同志提出的“绿水青山就是金山银山”的发展方向和目标，走上了生态富民强县的可持续发展道路，实现了“绿水青山就是金山银山”的目标，创造了美丽乡村、美丽中国建设的安吉样本。

（二）安吉发展生态经济推动美丽乡村建设的做法

“绿水青山”不仅可以转变成“金山银山”，而且本身也是“金山银山”,关键是如何把生态资源价值挖掘出来,并且实现增值。安吉县在长期的坚持和探索中,找到了一条让“绿水青山”和“金山银山”互动互促的产业发展路子。

第一产业“接二连三”“跨二进三”,安吉探索了多元化的现代农业发展路径,以经营乡村的理念盘活农村资源,积极探索乡村休闲旅游发展新模式。安吉分层次推进了美丽乡村休闲旅游的培育,推动“农村变景区、农业变商业、农民变股民”;拓展山区农村的观赏、休闲、娱乐、文化、美食、养生等多种业态,把山区的竹子、茶叶、碧水等生态资源激活,实现“一产接二连三”的跨越式发展。

安吉实现了制造业凤凰涅槃式的蜕变。资源性产业关停后,竹产业、白茶产业、转椅产业挑起安吉的制造业大梁。转椅产业还是安吉的特色产业、重要的出口创汇产业。但就产业高度和市场竞争力而言,这些产业难以支撑安吉的“金山银山”。安吉立足得天独厚的生态优势和处于长三角腹地的区位优势,全面推进“接沪融杭”战略,深度融入杭州都市经济圈,在基础设施、要素市场、产业平台、民生事业等方面与杭州实现了互联互融、共建共享,成为杭州都市经济圈重要的节点城市。没有污染、属于资金技术密集型产业的装备制造业已成为安吉经济发展的新增长点,从无到有的安吉装备制造业也创造了许多惊喜,甚至在全国装备制造业中已抢占一席之地。一些企业的规划雄心勃勃,如浙江安工机械有限公司在安吉打造占地近2000亩的装备制造业特色产业基地,发展工程机械、新能源城市环卫保洁机械、交通运输及各种多用途专业化特种车辆改装生产,并努力使产业基地成为国内超一流的重工装备制造产业基地和安吉重要的工业旅游观光产业园。

安吉的现代服务业发展环境吸引了海内外投资者的目光。都市圈重要节点叠加乡村休闲游的环境优势，吸引了上海电影集团在此投资兴建影视文化产业基地。全球首个凯蒂猫主题公园和乐翻天欢乐风暴水上乐园入驻并相继开业，“大年初一”等浙商回归工程提升了安吉乡村休闲游的档次，还吸引了一批文化影视、会展场馆等知识服务型企业落户安吉。安吉与浙江科技学院合作，引进了“中德工程师学院”，是安吉融入杭州都市圈的又一成果，使安吉实现了“大学梦”，为安吉的美丽经济输送高级人才，助推制造业、服务业不断升级。

二、德清县推动美丽乡村建设迭代升级

德清县在生态优先、绿色发展，“绿水青山就是金山银山”理念的指引下，创新思路、狠抓落实、操作到位，走出了一条美丽乡村迭代升级的路径。

(一)全力做好提升文章，变点上美丽为全域美丽

德清坚持以升级版要求统筹推进美丽乡村建设和管理，在全县域绘就一幅天蓝、地净、水绿、村美的江南画卷。德清县坚持“一张蓝图绘到底”，以“多规合一”“县域乡村建设规划”等国家试点为契机，高起点编制县域总体规划。分区分类制定村庄整治指引，在节点上打造了一批美丽宜居示范村庄，还建设了环莫干山异国风情休闲观光线、中东部历史人文观光线、东部蚕乡古镇休闲观光带和中部防风湿地休闲观光带等 4 条串联美丽村庄的景观带，串点连线成片，把美丽乡村“盆景”变成“风景”。[①] 德清县创新实施“一把扫帚扫到底”城乡环境管理一体化模式，由城乡环卫发展公司对

① 项乐民.绘就一幅天蓝地净水绿村美的江南画卷[N].光明日报，2016-02-03(10).

全县域内集镇、村庄、河道、道路及绿化实行保洁、收集、清运、处理、养护“五统一”。同时,推广可堆肥生活垃圾和废弃秸秆等农业生产垃圾的循环利用,初步实现垃圾处理源头减量化、收集分类化、处理资源化,城乡垃圾收集覆盖率和生活垃圾无害化处理率均达到100%。针对农村生活污水处理问题,德清县在浙江省率先制订农村生活污水治理三年行动计划,在建设中因地制宜采取三种模式,即城郊村庄纳入城镇污水处理设施、平原水乡地区实行村庄集中处理、山区村庄采取分户处理,并健全完善县、乡镇、村、农户及企业“五位一体”长效管理机制,实现“一根管子接到底”。

(二)全力做好转化文章,变美丽环境为美丽经济

美丽乡村不仅美在环境,更需美在产业上。德清县坚持深化改革、产业培育、农村电商多管齐下,将绿水青山的生态优势有效转化为发展优势。(1)“美丽乡村+改革”唤醒沉睡资产。德清县着眼“三权到人(户)、权跟人(户)走”,全面推动土地(林地)承包经营权、宅基地用益物权、集体资产股权确权颁证。建立农村产权交易中心,德清县76%的土地高效流转,带动了现代生态循环农业发展,实现了亩产“千斤粮、万元钱”。德清县还推出17类农村产权抵押贷款金融产品,实现“死产变活权,活权生活钱”。(2)“美丽乡村+旅游”生态催生民宿经济。依托西部莫干山区域的良好生态环境,德清充分整合盘活旧农房、旧厂房、旧校舍等闲置资产,培育发展了以“洋家乐”为代表的中高端低碳民宿旅游新业态。2007年,德清县第一家“洋家乐”裸心谷度假村诞生;2009年,德清县首创“洋家乐”概念,此后“洋家乐”之风吹向全球,莫干山被《纽约时报》评为全球最值得一去的45个地方之一,每到节假日游客络绎不绝,成为一房难求的精品民宿集聚区和休闲度假目的地。(3)

“美丽乡村＋互联网”农村电商蓬勃发展。德清县启动“美丽乡村＋互联网”项目，以农村电商发展带动“大众创业、万众创新”，数字乡村迅速发展，在县级层面成立淘宝网“特色中国·德清馆”，在乡镇层面建立电商创业园，在村级层面培育电子商务特色村。

（三）全力做好统筹文章，变城乡二元为城乡一体

建设美丽乡村，最终目的是让农民过上“两富两美”的幸福生活。德清县以经营乡村的理念推动农民增收、公共服务和社会治理等各项工作，以城乡发展的全面融合，切实提升农村百姓获得感。(1)农村居民多元增收。德清深入实施城乡居民收入倍增工程，让农民口袋持续地鼓起来。健全城乡统一的公共就业服务体系，让农民成为产业工人，切实增加了工资性收入；依托现代农业、民宿经济和农村电子商务，让农民成为创业主体，有效增加了经营性收入；通过农村产权制度改革，提高农民土地流转分红、房屋出租、集体经济股权分红等财产性收入。(2)公共服务一体均衡。在促进农民增收的同时，德清县致力于公共资源的优化配置，推进公共服务均等化，让老百姓吃上了一颗“定心丸”。加速推进基础设施城乡融合，加快“清洁德清”“畅通德清”“智慧德清”建设，全面完成城乡供水、公交、垃圾和污水处理“四个一体化”工程，构建了统筹城乡的水利、交通、能源、信息“四张网”，做到了城乡覆盖、一体均等。在浙江省率先启动户籍制度改革，依附在户籍上的 33 项城乡差别政策已有 32 项全面并轨，彻底打破了城乡之间的“玻璃门、旋转门、弹簧门”。(3)社会治理优质高效。农民富足的背后离不开平安、稳定、和谐的农村社会环境。德清县坚持在法律框架内推进乡村治理，全力构建法治、德治、自治“三治一体”的社会治理新模式，推动农村社会环境更平安、更和谐。特别是德清的“德文化”

非常突出,从2016年以来,大力加强公民道德建设,在乡村治理中倡导以德化人,深入开展“讲道德”系列工程,共设立了43个民间“草根奖”,百姓设奖奖百姓,引导培育了良好的村风、民风。创新推行“乡贤参事会”,动员鼓励本村老党员、老干部、复退军人、道德模范、企业法人、机关干部等加入,让乡贤能人成为加强基层党组织领导的有力助手,形成自治合力,农村治理实现从“代民做主”向“由民做主”转变。

第五节 “绿水青山就是金山银山”理念催生新业态新模式

在经济社会发展中,土地、劳动力、资本是生产性要素,也是产业发展不可或缺的基础性要素。随着科学技术的不断进步和居民绿色消费需求的不断增强,不少元素,如互联网、文化、生态,甚至“乡愁”等都成了具有一定功能的要素,即新要素,或者称作赋能性要素。将这些要素对传统的、基础性的生产性要素进行赋能,就会催生出一系列能体现生态优先、绿色发展的新产业新业态。

一、“互联网+”农业

互联网是信息化的产物,是数字经济的重要载体。“互联网+”在浙江催生了不少呈现绿色发展特征的新产业和新业态,其中,农业与互联网的融合进程不断加快,大大提高了农业绿色发展的动力和水平。近年来,浙江省围绕“数字浙江”的建设要求,坚持“互联网+”农业融合发展导向,以推进农业农村重要领域和关键环节数字化转型为重点,加快移动互联、物联网、大数据、云计算等新一代信息技术在农业农村领域的应用，稳步推进“互联网＋”农业应用建设。2017 年，浙江省委提出实施数字经济“一号工程”，2021 年又推出了数字经济“一号工程”2.0 版，将发展“互联网＋”农业作为农业农村领域落实数字经济“一号工程”的重要抓手。2021 年《浙江省数字乡村建设“十四五”规划》提出“到 2025 年，数字‘三农’协同应用平台数据标准体系、应用体系和技术服务体系全面建成”的发展目标，农业农村数字化转型有序推进。

“互联网＋”农业充分发挥了互联网在农业生产要素配置中的优化作用，将互联网的创新成果深度融合于农业生产、流通、监管等各个环节，有效推动了农业转型升级和乡村数字化发展。目前，浙江“互联网＋”农业的应用主要集中在以下几个领域：第一，“互联网＋”农业生产，推动农业“机器换人”。以农业生产智能化、数字化、信息化为导向，推进农业种养基地的数字化改造，实现农业领域“机器换人”，助推农业生产自动化和管理智能化，“节本增效”成效显著。第二，“互联网＋”农业营销，畅通农产品流通渠道。互联网催生了网店、微店、直播带货等线上销售模式，为农产品拓宽了销售渠道。农业经营主体通过建立网销体系或依托第三方电商专业平台等多种途径，推进农产品消费线上线下融合发展。数据显示，2015 年，浙江省农产品电子商务年销售额达到 304 亿元，同比增长 69％，约占全国农产品网络零售总额的 22.5％，近年来也一直保持良好的发展态势。第三，“互联网＋”农业监管，实现生产“动态管理”。围绕农业行业监管，以信息化平台建设为抓手，搭建农产品质量安全追溯系统、农资监管系统、动物标识及动物产品追溯系统、农作物病虫害数字化监测预警系统等农业监管系统平台，有效提升现代农业的技术装备水平和协同管理能力。2014 年，浙江省全面开启农产品质量安全追溯体系建设;2016 年,“浙江省农产品质量安全追溯平台”已在全省推广应用。截至 2021 年 1 月,浙江全省 85 个涉农县(市、区)全部建成农产品质量安全追溯体系,6.3 万家规模农产品生产主体纳入省级追溯平台管理,农产品可追溯水平稳步提升。[①]

二、文化产业

文化产业是将文化这一新要素融入并且赋能土地、劳动力、资本等生产性要素而形成的产业。近年来,随着文化产业发展环境不断优化,文化产业已成为浙江省国民经济重要支柱性产业。2015 浙江出台《进一步推动我省文化产业加快发展的实施意见》,提出“加快发展文化创意和设计产业”,大力推进文化创意和设计服务与信息经济、环保、健康、旅游、时尚、金融、高端装备制造等产业融合发展。2017 年浙江省政府工作报告提出,“要大力发展信息、环保、健康、旅游、时尚、金融、高端装备制造业和文化产业,推进各产业融合互动、业态创新,加快形成以八大万亿产业为支柱的产业体系”[②],这是文化产业首次跻身“万亿产业俱乐部”。数据显示,浙江文化产业增加值由 2010 年的 1056.09 亿元提高到 2018 年的 4215 亿元;文化产业增加值占全省地区生产总值的比重由 2010 年的 3.9%提高到 2018 年的 7.5%。[③] 文化产业发展势头强劲,综合竞争力持续提高。

2019 年是浙江开启文化和旅游深度融合的第一年。依托浙江

① 农业农村部. 先行先试　多措并举　各地稳步推动农产品质量安全追溯体系建设(二)[R/OL]. (2021-01-29)[2022-10-15]. http://www.jgs.moa.gov.cn/gzjb/202101/t20210129_6360734.htm.

② 政府工作报告摘要[M]. 浙江日报,2017-01-17(4).

③ 数据来源:浙江省统计局。

独特的地域文化和生态环境优势，通过项目建设把资源优势转化为发展优势，把优秀文化基因植入产品业态，开启了文旅融合新格局。一方面，浙江高度重视优势文化的转化应用。率先组织开展全省文旅融合 IP 的资源摸底登记工作，制定了《浙江省文旅融合 IP 发展综合评价办法》，以打造文旅 IP 为抓手推进文旅融合；按照“宜融则融、能融尽融”的原则，做好对现有景区的文化融入工作，讲好当地故事；着力推进博物馆、文化馆、艺术馆、考古遗址等的景区化，通过旅游展现文化底蕴，做好文化资源的转化。另一方面，浙江始终以系统工程为抓手深化文旅融合。在全国率先提出建设诗路文化带，打造了以四条诗路“串珠成链”促进全域发展的创新工程。2019 年 10 月，浙江省人民政府印发实施《浙江省诗路文化带发展规划》，提出以“诗”串文为主线，以“诗”为点睛之笔，着力打造浙东唐诗之路、大运河诗路、钱塘江诗路和瓯江山水诗路“四条诗路”文化带，构建省域文化旅游大景区。[①]

作为国家全域旅游示范省，浙江文旅融合开局之年成绩斐然。2019 年，浙江实现旅游总收入 10911 亿元，比上年增长 9%。文化和旅游产业快速增长，双双迈过万亿大关，逐渐形成了相互促进、优势互补的发展态势，稳步迈向深度融合、高质量发展的新阶段。随着文旅融合发展的推进，太湖龙之梦乐园、宋城演艺、良渚古城、宁波方特东方神画等一批大型文旅融合综合体不断涌现，“文旅＋休闲”“文旅＋康养”“文旅＋教育”“文旅＋体育”等融合模式不断创新，积极探索着浙江文旅融合的新路径。与此同时，农村田园综合体、文化礼堂、特色民宿等一系列地标性项目的建设，催生了一批美丽乡村网红打卡地，“农文旅”融合发展蹚出了乡村振兴的新

① 褚子育. 发展全域旅游　建设诗画浙江[N]. 中国文化报，2019-11-25(2).

路径。

三、生态旅游

生态既是自然元素,更是人类生存和发展不可或缺的赋能性要素。生态与休闲结合,就能成为生态休闲旅游产业。在浙江,旅游产业与其他生态产业跨区域、跨界融合已成为常态,乡村生态旅游对农业和乡村发展的带动作用更强,生态与运动休闲旅游、中医药旅游、养老养生旅游的紧密结合,促使传统产业为旅游业态注入新的内涵。2017 年,全省旅游产业总产出超 1 万亿元,正式成为"万亿产业"。浙江被确定为国家全域旅游示范省创建单位,全省 19 个市、县(市、区)被列入国家全域旅游示范区创建单位,60 个县(市、区)被列入省级全域旅游示范县创建单位。

2017 年 6 月,浙江省第十四次党代会提出,要按照把省域建成大景区的理念和目标,谋划实施"大花园"建设行动纲要,推进"万村景区化";2018 年 6 月,浙江省大花园建设动员部署会提出,浙江将投资 1.25 万亿元,重点实施十大工程,推进大花园建设;也是在 2018 年 6 月,《浙江省全域旅游发展规划(2018—2022)》出台。2018 年 7 月召开的浙江全省第二次全域旅游发展暨万村景区化工作推进会指出,浙江旅游的当务之急是要实现在全域旅游示范创建、"大花园"两大标志性工程、万村千镇百城景区化、政府数字化转型、旅游厕所民生实事、旅游大项目推进、新兴业态打造、创新营销、文明旅游及旅游安全防范工作上的"十大突破"。

"旅游+民宿"是浙江融合发展的样板。产业融合发展的案例比比皆是:"旅游+农业"催生出湖州安吉县"田园鲁家"、衢州柯城区"花香漓渚"等田园综合体;"旅游+工业"让绍兴新昌达利丝绸、蒙牛乳业(金华)等企业借旅游"更旺一把";"旅游+红色"孕育出余姚梁弄镇横坎头村、嘉兴南湖旅游区、台州三门县亭旁起义红色遗址群等一批浙江省红色旅游教育基地……产业融合发展盘活了相关产业，延伸了旅游产业链，为游客提供了更多优质旅游产品，带动了浙江旅游兴旺发展。2017年浙江全省接待国内外游客6.4亿人次。

四、乡愁产业

“乡愁”是人类对乡村抹不去的记忆和念想，这种记忆和念想可以转化为一种新产业和新业态。乡村是承载“乡愁”的独特载体，“乡愁”是乡村不可复制的宝贵财富。“乡愁产业”是对“乡愁”资源活化、转化、物化、商业化、产品化、市场化的新型产业业态。[①] 可以说，“乡愁”是农村最为宝贵的无形资产，如何把“乡愁”转化为“金山银山”，则是实施乡村振兴战略的重要考量。随着乡村旅游浪潮的兴起，“乡愁”所蕴藏的巨大价值正在逐步显现，必将成为推动乡村产业振兴的强力引擎。因此，发展“乡愁产业”具有十分重要的意义。

（一）促进乡愁资源价值转化

乡愁产业将沉睡的乡愁资源进行活化，化乡愁资源优势为经济优势和发展优势。如美食是舌尖上的乡愁，手工艺品是指尖上的乡愁，在景区搭帐篷是风景、视觉中的乡愁。缙云烧饼、开化气糕、新昌炒年糕、东阳霉干菜等产品的实践表明，把乡愁融入乡村特色产业而催生的乡愁产业是活化乡愁、实现乡愁资源再生的重要手段。特别是乡愁与文化、旅游等的高度融合，不仅能够创造出

---

① 胡豹.乡愁产业：乡村产业振兴的新引擎——关于加快浙江乡愁产业发展的建议[J].浙江经济，2018(21)：46.

更高的经济价值,而且还能够衍生出新的农业资源、文化资源和价值。

(二)促进农民创业创新创富

青田稻鱼共生系统成为联合国粮农组织第一个正式授牌的全球重要农业文化遗产,这表明,乡愁产业强调对乡土传统、乡风人情、历史文化等非物质文化资源的开发利用。将其开发成为新的生产要素,并在生产经营过程中与其他生产要素产生“化学反应”,有助于推动乡村特色精品生产、产业加工物流、休闲观光康养、历史文化教育及其他新兴产业的大力发展,优化乡愁要素再生配置,催生大量就业机会,吸引农民创业创新创富。

(三)促进美丽乡村共建共享

通过盘活闲置低值的农宅农房,打造“身心两安、共享农屋”的磐安县乡愁产业发展实践表明,乡愁产业既是乡村的文化形态,也是乡村的特色资源,是引发城市居民向往之情的乡村产业发展新模式。乡愁产业不仅可以实现村庄环境美化,特别是通过乡村景观创意、文化创意呈现,全面提升村庄宜居、宜业、宜文、宜游水平和绿化、序化、洁化、文化、美化水平,还可以促进乡村产业振兴,助推实现美丽乡村共建、共赢、共享“三部曲”。

(四)促进农文康旅融合发展

乡愁产业通过加强乡村特色产业、产品和行业与文化、旅游业的融合发展,可以实现“养胃”“养眼”“养脑”“养心”“养身”的多重目标。五谷叶脉画、草编蔬菜书、水果尽兴摘、滑鱼徒手抓,乡愁产业能培育特色鲜明的新型旅游产品,可开发主题特色鲜明、产品创意独特、游客乐于参与的农耕文化和乡村文化体验产品。通过发展乡愁产业,因地制宜发展多种形式乡村旅游,促进乡村生态旅游、乡村文化旅游、休闲度假旅游的融合发展。

案例 3-1

企业、市场、政府三方协同共进，开化县形成光伏产业固废绿色循环体系

光伏是开化县的重要产业，全县共有 21 家光伏企业，涵盖了硅晶、光伏电池、半导体等领域。随着产业不断发展，光伏企业固体废物的产量多、处置难、隐患大等问题日渐凸显。为此，开化县敢于探索，构建“企业、市场、政府”三元协同共进体系，拿出了全方位、全过程推行光伏固废绿色循环发展的典型案例，为“无废城市”建设提供了开化样板。

一、企业主动转型，实现源头大减量

光伏企业产生的固体废物主要是废砂浆和污泥，其中由硅晶线切工序产生的废砂浆，属于危险废物。据统计，开化县光伏产业产能高峰时期废砂浆年产量达 1 万吨，安全处置的费用高达每年 1000 万元。此外，危废高产量面临着企业管理成本高、规范贮存难、环境风险大等难题，解决危废源头减量的问题迫在眉睫。

为实现减污降本协同增效，开化县多家光伏企业主动转型，对硅晶线切工序实施技术改造，淘汰原有“砂线＋切割液”落后工艺，引进“金刚线＋水”先进技术，从源头大大减少了危废产生量。经改造，废砂浆年产量降至 0.1 万吨，较原先减少了 90%，安全处置的费用也大幅降低。同时，光伏企业还将清洁生产作为提高企业经济发展水平的切入点，加大力度推行清洁生产应用技术，从原辅材料、生产工艺、管理方式等全方位减少污染物产生，截至 2022 年 6 月，开化县已有 7 家光伏企业完成清洁生产审核。

二、市场有效配置,实现末端再利用

在无害化处置基础上,探索危废处置与资源化循环经济发展模式,发挥市场资源配置作用是关键所在。以浙江晶盛硅晶材料有限公司为例,该公司开发了线切割砂浆回收再利用项目,取得危险废物经营许可证并实现投产,废砂浆通过过滤、提纯、吸附等技术全部转化为切割液、碳化硅等产品,实现"变废为宝"。同样浙江双惠再生资源有限公司于2020年引进年处理3万吨一般工业固体废物(污泥)再生资源回收利用生产线,通过压缩、干化、切条等工艺形成了年再生6000吨氟化钙产品生产能力,实现减污增效双赢。

三、政府强化履职,实现监管全覆盖

开化县将21家光伏企业全部纳入市固废综合监管系统,通过云上监管实现对固体废物产生、转移、处理、贮存等环节的实时掌握。同时,每半年组织开展全面的固废申报登记工作,不断推进光伏固废的规范化管理。

其中有两大创新做法值得一提。第一,搭建平台为实现全周期监管提供路径。开化率先在全省建成首家危废收集转运中心,通过搭建危废收集服务平台,开展固废管理第三方服务智能提点扩面工作。第二,严格执法为全周期监管提供保障。先后开展"雷霆斩污""雷霆斩污2号"等固废领域专项执法行动,严厉打击固废管理不规范、随意倾倒等违法行为。并制定出台《开化县环境污染问题有奖举报办法(暂行)》,在衢州市率先建立并实施"环境污染"问题有奖举报机制,健全固废违法问题发现机制。

案例来源:王继红,钟汉涛.开化县光伏产业固废绿色循环成体系[N].衢州日报,2022-06-08(3).

案例简析〉〉〉

在“生态立县、产业兴县、创新强县”发展战略和打造“生态工业先行县”目标的引领下，开化高度重视生态工业的高质量发展。其中，作为开化生态工业的重要板块，光伏产业率先进行改革，探索出了“企业、市场、政府”三位一体的固废绿色循环体系，开辟出一条依靠循环经济发展方式助推工业生态化转型的新路子，为“无废城市”建设提供了开化样板。2022 年，开化光伏产业固废绿色循环体系案例成功入选浙江省生态环境厅公布的第二批全省生态环境系统共同富裕最佳实践名单。

案例 3-2

县域农村电商案例：“遂昌模式”

丽水市遂昌县位于浙江省西南部，在这个仅有五万人口的县城里，聚集了几千家网店。2013 年 1 月 8 日，淘宝网全国首个县级馆“特色中国·遂昌馆”开馆。2013 年 10 月，阿里研究中心、社科院发布“遂昌模式”，其被认为是中国首个以服务平台为驱动的农产品电子商务模式。

遂昌模式到底是什么？具体来说包括两大块：一是以“协会＋公司”的“地方性农产品公共服务平台”，以“农产品电子商务服务商”的定位探索解决农村（农户、合作社、农企）对接市场的问题。2011 年，浙江遂网电子商务有限公司成立；2012 年，淘宝网与遂昌县人民政府签订中国首个淘宝与县级政府战略合作协议，遂网承接淘宝网“特色中国·遂昌馆”运营工作，将当地的农产品网店集中起来，通过淘宝特色馆的巨大资源，进行产品销售。二是推出“赶街——新农村电子商务服务站”，以定点定人的方式，在农村实现电子商务代购、农产品售卖、基层品质监督执行等功能,让农村信息化建设更加深入。2013 年,新农村电子商务服务平台——“赶街”项目成功创立,致力于打造中国最大的村级服务网络。赶街公司对网店协会分销会员的培训至今仍是免费的。目前,赶街公司的覆盖面已从 2014 年的全国 3 个省、15 个县、1200 个村网点,发展到 2015 年底的 12 个省、32 个县、近 2800 个村网点。

案例来源:周爱飞,齐杰. 遂昌模式研究——服务驱动型县域电子商务发展模式[EB/OL](2016-08-04)[2022-10-15]. http://theory.people.com.cn/n1/2016/0804/c401815-28611279.html.

案例简析 〉〉〉

遂昌模式,简单来讲,就是遂昌通过电商平台实现“农产品进城”和“消费品下乡”。

“农产品进城”即通过当地的农货“上行”平台——遂网,一端连接农产品的供货源——农村合作社,另一端对接当地开网店或做微商的城镇年轻人,帮助合作社将农产品销售到一、二线城市。

“消费品下乡”即通过当地的消费品“下行”平台——赶街网,依托每个村的商业小店,在店内划出 8～10 平方米的一小块地建服务站,为服务站配备电脑设备,培训店主做兼职服务员帮村民在赶街网上进行代购。同时,赶街网建立县级运营中心和从县城到农村的二级配送物流。

案例 3-3

鸣山村深挖古村文化点燃美丽经济

昆阳镇鸣山村是千年古村,建村于东晋太康年间,南宋时便是远近闻名的文化之村,历史文化底蕴深厚,是浙江省历史文化名村、省历史文化村落保护利用重点村。围绕“千年古村·诗画鸣山”这一主题，鸣山村以塘河田园风情示范带（温州市唯一一条水陆结合的乡村振兴示范带）为基础，大力实施文旅文创融合战略，打造平阳县探索共同富裕、推动乡村振兴、文旅融合发展的一张“金名片”。2021年，街区接待游客超100万人次，年收入5300万元，盈利916万元，实现村集体经济收入达436万元，比5年前增长10倍以上，有力带动了地方经济发展。

一是民居修复，保留乡愁记忆。为保持古村原生态，更好留住乡愁记忆，特邀上海高校编制历史文化村落保护规划，邀请本土文化专家学者指导开展文化资源挖掘。为突显街区个性，鸣山村修复古建筑10处、古道1500余米，完成主题院落建设16处，外立面改造260间，打造一批美丽店铺，设置“耕读文化”铜像、七大名人壁画、观景台等城市小品10处，完成全域特色导览标识建设。

二是民俗展示，打造地域特色。打造特色文化场馆，将清代时期的蔡心谷故居等八大古宅改造为乡村博物馆、非遗体验馆、现代简约婚礼基地和家风家训馆，打造一批富有地域特色的旅游观光点。另外，开展个性文化体验，每年元旦举办鸣山民俗文化节，常态化开展武术擂台表演、非遗技艺现场秀、少儿手绘创意灯笼展等活动，多层次展示民俗文化。目前，已成功举办7届民俗文化节，日流量最高达10万余人次。

三是民房流转，促进村民致富。鸣山村采取“合作社＋农户”模式，统一流转村民闲置房屋220间，引驻温州文人瓷、温州蛋画、浙江老字号回生堂、百年老字号黄隆泰等省市非遗产业26家以及公望教育、淳希手工等优质文创商户20余家，挂牌南拳非遗传承基地、南雁荡山书画院创作基地、温州市家风家训教育基地等20

个活动基地,开设古琴、刺绣、瓷板画等游学项目12个,为村民提供就业岗位200多个,人均年收入5万元。

案例来源:昆阳镇鸣山村:做足“三色”文章,积极创建省级旅游休闲街区[EB/OL].(2022-03-29)[2022-10-15]. https://www.sohu.com/a/533722224_121123720.

案例简析 〉〉〉

鸣山村依托浓厚历史文化底蕴,推动文化和旅游融合发展。走进鸣山,扑面而来的是文蕴的芬芳。精雕细琢的仿古建筑、别具一格的美丽庭院,还有随处可见的温州蛋画、鸡毫笔书法等非遗产业及公望教育、淳希手工等文创产业,令人目不暇接。“千年古村·诗画鸣山”的金字招牌正散发出前所未有的熠熠光辉。素有“百鸟齐鸣山,塘河第一湾”之称的鸣山村以未来乡村建设为契机,走出了一条“古村+非遗”“文化+旅游”的发展新道路,让这个原本沉寂的小山村成为远近闻名的非遗特色旅游村。

案例3-4

青田“稻鱼共生”模式唱响致富山歌

稻田养鱼作为青田的一张“金名片”,至今已有1300多年的历史,经过千年演进发展,逐步形成了生态、生产、生活有机融合的农业文化遗产体系。2005年6月,“青田稻鱼共生系统”成为首批全球重要农业文化遗产。青田认真践行“绿水青山就是金山银山”发展理念,坚持在保护中传承,在传承中发展,在发展中实现“共生共同共富裕”,探索出一套“全球重要农业文化遗产”价值转化的“青田方案”。

一是融合发展,开辟农遗价值转化通道。青田坚持抓农遗保护与产业发展、乡村治理、科技惠农、致富增收等方面相融合,让农业文化遗产“活起来”,将农遗价值全面融入乡村振兴各领域、各方面,助力农业高质高效、乡村宜居宜业、农民富裕富足。青田实体化设立县、乡、村三级产业发展机构，创新农遗产业发展生态补偿机制，建设稻鱼共生研究发展中心，实施稻鱼产品“五统一”产供销模式，实现稻鱼产业标准化、规模化、品牌化发展，2021 年亩均稻鱼产值达 5000 元以上。同时，青田还依托“全球重要农业文化遗产”金字招牌，充分挖掘生态与文化潜在价值，不断拓展农业功能，带动休闲农业、旅游观光、文化节庆、健康疗养、科普教育有机融合发展，建成青田稻鱼共生系统博物馆，稻鱼共生系统核心区——龙现村建成浙江省美丽乡村特色精品村，被列入“全国 100 个特色村庄”。

二是合作共赢，开创农遗共享共富篇章。青田坚持以共享化理念打造交流互助农遗联盟。2021 年 9 月，全球重要农业文化遗产(中国)保护与发展联盟在青田成立；青田依托侨乡农品城和侨博会，探索建立全国农遗产品海内外展销大平台，以核心区辐射带动抱团发展，打响全国农遗品牌，带动遗产地优质农产品走向国际。同时，青田坚持以全域化理念打造全球农业文化遗产公园，打造“自然＋人文＋城乡”全域融合协调的大美农业公园，使价值链从单一、具象的农产品，进一步拓展到品类丰富、体验性强的研学产品、旅游产品、文化产品，从而带动一、二、三产业融合发展。

案例来源：刘淑芳，黄晓俊，张靓．青田“稻鱼共生系统”的传承和保护[N]．丽水日报，2022-07-20(3)．

案例简析 〉〉〉

独特的民俗文化和自然人文景观也是农业文化遗产宝库里的明珠。青田鱼灯舞、从江侗族大歌、哈尼四季生产调等一大批非物质文化遗产在农遗产地熠熠生辉，稻作梯田、古香榧群、古桑树群、古枣园等乡村景观寄托了人们对美丽乡村、美丽生态的向往和追求。农业文化遗产项目的综合功能属性越来越受到重视,各遗产地在加大保护的同时,积极通过品牌打造、农旅结合等实现产业化梯度发展,彰显出农业文化遗产历久弥新的独特魅力。

案例 3-5

浙江德清发展"洋家乐"的做法和启示

"洋家乐",就是外国人在中国农村经营的农家乐。浙江省德清县的"洋家乐"亲近自然、绿色低碳、生态环保、中西合璧,不仅荣获浙江省旅游发展创新奖,还被美国有线电视新闻网(CNN)称为"除长城外15个必须去的中国特色地方之一",被美国《纽约时报》评为"全球最值得去的45个地方之一"。

2007年,南非人高天成骑车到莫干山游玩时,被优美的自然环境所吸引,于是和几位朋友租了莫干山镇三九坞自然村6套土房,经过改造装修,形成竹篱柴门户牖,并把农舍命名为"紫岭居""翠竹小筑"等,把小山村冠以"裸心谷"之名,开办了首家"洋家乐",游客赞不绝口。创办"洋家乐"的消息很快传开,吸引了英国、比利时、丹麦、韩国等10多个国家的人士纷纷到莫干山建"洋家乐"。莫干山很快形成了一个"洋家乐"群落。如今,德清本地居民通过学习借鉴低碳与休闲理念,自建"洋家乐",成功走出了一条富有德清特色的乡村旅游发展之路。目前,德清全县已有各类农、洋家乐等民宿350多家,其中以"洋家乐"为代表的精品民宿72家,床位750余张。其中,裸心谷成为国内首个荣获建筑行业最高荣誉LEED绿色建筑铂金级认证的度假酒店,并被CNN评为"中国最好的九大观景酒店"之一。现在,每逢节假日和周末,上海、苏州、杭州等附近城市的国内外游客纷纷到德清休闲度假。"洋家乐"已经成为德清旅游的品牌，推动了区域旅游向高端、生态、精致、特色的方向发展。

“洋家乐”以“定位高端、经营生态、消费低碳”为开发思路，倡导人与自然和谐相处的生活理念，不同文化背景的生活方式相互交融，使无景点度假休闲旅游成为德清乡村旅游的新业态。“洋家乐”的成功，成为我国乡村旅游的一个新亮点，对于发展旅游业或者其他方面的工作，都有较好的启示。

案例来源：符宣朝. 浙江德清发展“洋家乐”的做法和启示[N]. 海南日报，2015-10-27(A6).

案例简析 〉〉〉

莫干山镇始终坚持“绿水青山就是金山银山”理念，自 2005 年起，在全省率先实施了生态补偿机制，结合“五水共治”“三改一拆”等全省重点工作，全力护美绿水青山，推进绿色崛起。莫干山掌握了自己的节奏，在合适的时代，显露出一幅如今极为稀缺的、生气勃勃的乡野原貌，完成了一次漂亮的城镇化逆袭。当都市里多元、混杂的现代文明逐渐削弱农耕文明时，身处上海、杭州、南京等大城市的人开始反省、开始怀旧，继而开始回归。当乡野田园的宁静成为一种渴望时，乡村旅游就应运而生了。此时，莫干山地区仍然保有的绿水青山这一独特的生态优势，正好进入了都市人的视野，这是莫干山得以率先发展“洋家乐”的前提所在。

◆◆ 案例 3-6

缙云乡愁富民产业——“五彩农业”

近年来，位于山区的缙云立足本地实际，聚焦破解山区城乡收入差距大、农业产业能级低、农民增收难等问题，大力发展缙云烧饼、缙云黄茶、缙云茭白、缙云爽面、缙云杨梅、缙云麻鸭、缙云梅干菜等产业,积极打造两黄、两白、一灰、一红、一黑的“五彩农业”高效集聚园区,打造以“五彩农业”为代表的百亿级乡愁富民产业,走出了一条有特色、可复制、能推广的先富带后富、高质量实现共同富裕新路。2021年,该县实现“五彩农业”产值72.58亿元,同比增长13.25%。

缙云烧饼。缙云烧饼是“五彩农业”的“当家法宝”。2013年以来,缙云成立“烧饼办”以扶持烧饼产业走品牌发展之路,缙云烧饼由此也获得了“中华名小吃”称号,累计培训烧饼师傅超万人次,产值达24亿元,从业人数2.1万人,并成功进军加拿大、澳大利亚、意大利等10多个国家。

缙云黄茶。缙云黄茶生长于海拔500米以上,有“三黄透三绿”等特点。经过精心培育和发展,2021年底,该县黄茶面积达1.3万亩,产值9450万元。缙云黄茶平均可卖到2000元/千克,最高价格是15800元/千克,并与西湖龙井一同入选G20杭州峰会用茶。

缙云麻鸭。麻鸭是缙云经典的农产品,有300多年历史。从“低小散”到规模化、品牌化、标准化养殖,缙云麻鸭已经成为缙云人增收致富的“财富密码”。2021年,缙云麻鸭出栏30万羽,产蛋量3000吨,同比增长6.6%,1万余名鸭农在省外养殖麻鸭,总产值达21.8亿元。尤其是加入“丽水山耕”品牌后,缙云麻鸭更是从60元/只卖到128元/只。

缙云茭白。作为“中国茭白之乡”,缙云是全国最大的茭白生产基地,全县茭白种植面积6.58万亩,占全国8%。得天独厚的气候条件和多样化的山地资源优势孕育了具备独特品质的缙云茭白,其中仅在缙云,茭白产业从业人员就多达3.5万人,产量12.7万吨,带动全产业链产值15亿元,产业规模位居全省第一。

缙云爽面。舒洪镇岭口村的陈支云从事缙云爽面制作已有十余年时间，作为老手艺人，她做出来的爽面细长均匀、麦香四溢、口感上佳。2020 年 10 月，陆支云成功通过审批获得资质，成立金穗麦香农产品专业合作社，注册“白水颂”商标，不断拓宽销路，订单源源不断。如今在缙云，像陈支云一样的爽面从业人员多达 7000 位，产值达 2.4 亿元，带动当地村民增收致富，真正把传统技艺打造成了乡村共富产业。

缙云杨梅。缙云还发挥“浙江绿谷”优势，在不同海拔种植杨梅，延长采摘期。目前，该县杨梅种植面积 3 万余亩，产量 1.15 万吨，产值 1.3 亿元，从业人员 3000 多人。其中尤以舒洪镇仁岸村为盛，全村单杨梅一项就为农民增收 5000 多万元，享山水之美、品杨梅之乐，东魁杨梅成了仁岸村的“幸福果”。2021 年，杨梅种植总面积突破 5000 亩，盛产面积超 3000 亩。

缙云菜干。缙云烧饼的走红，也有效带动了缙云菜干产业的快速发展。2020 年，全县芥菜种植面积近万亩，产量 3.68 万吨，产值 0.64 亿元。东方镇是菜干的主产区，近年来，该镇因势利导、积极鼓励，坚持品牌建设与质量提升两手抓，通过“四轮驱动”模式，大力发展菜干产业。截至目前，全镇菜干年产量 400 多万斤，产值 4000 多万元，有效带动农民增收。

案例来源：徐小骏，汪峰立.缙云乡愁产业闯出富农新路[N].丽水日报，2022-06-19(1).

案例简析 〉〉〉

这些昔日再普通不过的山间土货，如今成就了一批批极具地方标识的特色农业产业，形成了矩阵式的区域品牌效应，成了富民增收的重要渠道。发展乡愁经济，缙云始终着眼小处，注重特色,加强统筹,从别出心裁的政府机构“烧饼办”,到一任接着一任干的“烧饼书记”,再到“驴头大会”……通过一系列的创新举措,“五彩农业”已然释放出了巨大富民效应。此外,缙云正在积极规划构建“一群两区三带”的产业发展空间布局,打造“两园一链”农业产业化发展平台,满载乡愁味道,做大乡愁产业,不断促进产业集聚发展,让“五彩农业”成为缙云城乡居民奔向共同富裕的“强大引擎”。

本章小结

在生态优先、绿色发展的理念指导下,浙江立足自身资源禀赋,因地制宜推进产业生态化发展,将自身资源生态优势转化为经济社会发展优势,实现生态优先、生态脱贫、生态富民。浙江大力发展循环经济,实施“911”行动计划,以绿色、循环和低碳等发展方式积极推进生态工业发展,成功实现节能降耗、淘汰落后产能以及有效推进清洁生产和生态工业园建设等,将“绿色浙江”建设融入包括生态农业、生态工业、生态服务业在内的生态产业发展之中。仙居、遂昌、开化、定海等山区海岛县(区)依托地区资源和条件,大力推进文旅融合、“互联网+农村”电商、全县域建设国家公园、发展现代服务业和海洋优势产业等,实现绿色科学跨越发展。美丽乡村是生态文明建设的重要组成部分,是推进乡村振兴的重要一环。浙江各地依托当地资源生态优势,因地制宜推进美丽乡村建设:安吉实施生态立县战略,打造全国首个生态县;德清立足全域视角,全方位统筹乡村环境、乡村产业、乡村治理、乡村生活等领域的绿色生态发展。此外,在科技进步、消费需求增强、数字经济蓬勃发展的新背景下,互联网、文化、生态等新要素积极发挥赋能作用,催生出各类新产业新业态,以发展“互联网+

农业”、文旅融合、生态旅游、乡愁产业等多样化的新形式带动乡村特色产业发展，增加农民收入，促进农业农村现代化发展，深入践行“绿水青山就是金山银山”理念，实现绿色可持续发展。

思考题

1.生态产业化、产业生态化的内涵分别是什么？

2.结合自身经历和观察，写（谈）一个生态产业化和产业生态化“两化”融合的实践案例，并作简要分析或提出相关建议。

拓展阅读

1.习近平.习近平谈治国理政.第二卷[M].北京：外文出版社，2018.

2.习近平.习近平谈治国理政.第三卷[M].北京：外文出版社，2020.

3.中共中央文献研究室.习近平关于全面深化改革论述摘编[M].北京：中央文献出版社，2014.

4.中共中央宣传部，中华人民共和国生态环境部.习近平生态文明思想学习纲要[M].北京：学习出版社，2022.

5.李周.生态经济学[M].北京：中国社会科学出版社，2015.

6.沈满洪，高登奎，王颖.生态经济学[M].北京：中国环境出版社，2016.

7.渠涛，邵波.生态振兴——建设新时代的美丽乡村[M].郑州：中原农民出版社，2020.

8.于晓雷.中国特色社会主义生态文明建设：人与自然高度和谐的生态文明发展之路[M].北京：中共中央党校出版社，2013.

要深入推进生态文明体制改革，强化绿色发展法律和政策保障，健全自然资源资产产权制度和法律法规。要完善环境保护、节能减排约束性指标管理，建立健全稳定的财政资金投入机制。要全面实行排污许可制，推进排污权、用能权、用水权、碳排放权市场化交易，建立健全风险管控机制。

——摘自《努力建设人与自然和谐共生的现代化》[①]

第四章　生态优先、绿色发展推进生态文明制度建设

本章要点

1. 深化资源和环境有偿使用制度改革，从根本上建立起珍惜资源和保护环境的长效机制。这既是贯彻落实科学发展观、推动经济增长方式转变的内在要求，也是创新生态文明制度建设的重要举措。

2. 浙江率先在省级层面探索建立生态补偿机制，在钱塘江流域源头地区率先实行省级财政生态环保专项补助试点政策，并成为全国首个实施省内全流域生态补偿的省份，依靠经济手段有序推动了“绿色浙江”建设。

3. 自然资源资产产权制度作为监管自然资源开发利用、加强生态保护、促进绿色发展的一项重要制度，为完善生态文明制度体系、保障国家生态安全和资源安全提供有力支撑。推进产权制度

① 习近平. 努力建设人与自然和谐共生的现代化[M]//习近平. 习近平谈治国理政. 第四卷. 北京：外文出版社，2022：366.

改革，实现资源要素市场化配置，既是资源节约的有力保障，也打通了资源变资产、资产变资本的通道，是促进生态产品价值向经济发展优势转化的重要途径。

生态文明制度具有正式制度和非正式制度之分，通过主体明确、内容完整、权责清晰、监管严密的制度设计，可以实现生态风险防控精准化、常态化和法治化，使得生态环境问题得到标本兼治。中国特色社会主义生态文明制度建设是在中国共产党领导下，面对资源约束趋紧、生态系统恶化和环境污染严重的客观形势，统筹中国特色社会主义生态文明制度理念、制度设计、制度创新、制度运行、制度扩散、制度完善和制度检验，以更为成熟定型的生态文明制度加强和深化生态文明建设的善政良治实践。党的十九届四中全会提出“坚持和完善生态文明制度体系，促进人与自然和谐共生”[①]的战略要求，把生态文明制度视为中国特色社会主义制度的重要内容，对生态文明建设的基础性制度做出重大部署安排。继而，党的十九届五中全会提出“完善生态文明领域统筹协调机制，构建生态文明体系”[②]的明确要求，以更宏大的视野重申了生态文明制度体系建设的必要性、紧迫性和重要性。浙江实践经验启示我们，以资源有偿使用和产权制度为核心的市场机制是生态文明制度建设的重要内容，在新时代，创新和完善生态文明制度需要把握处理好整体推进与重点突破、垂直管理与统一监管的关系。

---

① 中共中央关于坚持和完善中国特色社会主义制度　推进国家治理体系和治理能力现代化若干重大问题的决定[N]. 人民日报，2019-11-06(1).

② 中共十九届五中全会在京举行[N]. 人民日报，2020-10-30(1).

第一节　生态环境资源使用制度的变迁

坚持生态优先、绿色发展,首先要保护好生态,而要保护好生态,创新生态文明制度,实现生态环境资源从无偿使用到有偿使用的转变尤为关键。浙江省充分发挥政府、市场和社会各个经济主体的主观能动性,通过“自下而上”“自上而下”“地区推广”的制度创新和推广方式,实现了多种资源品、环境品、气候品等生态品从“无价”到“有价”的转变,实现了资源权、环境权、气候权等生态权的确权、分配和再分配,实现了资源税、环境税、碳税等生态品价格的政府定价及其市场化。①

一、从资源无偿使用到资源有偿使用

资源包括自然资源和社会资源,自然资源又包括实物资源和环境资源。从无偿使用到有偿使用的资源一般是指实物资源,包括生物资源、土地资源、水资源和矿产资源等。不论是城镇土地还是农村土地,在明确所有权的情况下,土地资源通过出让和转让等方式实现了从无偿使用到有偿使用的转变。1987 年,《浙江省土地管理实施办法》颁布,抛荒费、造地费、土地补偿费、青苗补偿费和地面附着物补偿费等各类土地价格率先被加以明确;1992 年,《浙江省城镇国有土地使用权出让和转让实施办法》规定了土地使用权出让金和土地使用金等情况;2001 年,《中共浙江省委办公厅、浙江省人民政府办公厅关于积极有序地推进农村土地经营权流转的通知》规定了农村土地经营权流转的若干形式以及相应租金收益

---

① 谢慧明. 以稀缺性为导向推进生态经济化的“浙江样本”[J]. 治理研究,2018,34(2):84.

的情形。相对于土地使用权的转让和租赁，矿产资源有偿使用的系列条款实际上指向了资源所有权收益，即国家作为矿产资源的所有者所享有的权益。1995年，浙江省人民政府令第59号《浙江省矿产资源补偿费征收管理实施办法》规定了矿产资源补偿费的征收和缴纳情形。此外，还有一类收益系综合资源的有偿使用，如海域海岛有偿使用。这一有偿使用模式改变了传统单一资源有偿使用的方式，将多种生态环境资源纳入同一框架中实现其经济价值。2006年，浙江省人民政府令第221号《浙江省海域使用管理办法》就海洋功能区、海域使用权的取得、海域使用与保护等作出了明确规定；2012年，《浙江省海域使用管理条例》出台，海域使用权的管理进一步实现了有法可依。总之，资源无偿使用固然有其历史原因，但简称资源"从无偿使用到有偿使用"实际上是在区分实物资源的传统经济价值属性和新型的生态价值属性。资源"从无偿使用到有偿使用"的根本原因还是在于其稀缺性。根据稀缺性假设，相对于人类多种多样且无限的需求而言，满足人类需求的资源是有限的。面对资源零价格所导致的"资源过度开发、过度消耗、结构性滥用"等问题，推动资源从无偿使用到有偿使用旨在通过"成本—收益"分析或市场化的方式实现资源节约和高效利用。因此，为了更好地践行生态优先、绿色发展，坚持走资源有偿使用的生态经济化之路是浙江走出资源无偿使用困局、走向资源高效利用格局和资源节约型社会的创意之举，符合时代要求。

二、从环境无偿使用到环境有偿使用

环境资源包括环境容量资源、环境景观资源、生态平衡资源等。由于企业污染减排成本存在显著的异质性，污染物在各污染企业间的交易会极大地提高环境的利用效率和企业的绿色全要素生产率,企业间污染物的交易以有偿使用为前提。早期的环境品有偿使用以征收排污费为特征。2001 年,浙江省嘉兴市秀洲区通过工业排污指标的有偿使用为生活废水的处理筹集资金,开创了中国环境容量资源有偿使用的先河;2007 年 9 月,嘉兴市人民政府正式颁布实施《嘉兴市主要污染物排污权交易办法(试行)》;2009 年,《浙江省人民政府关于开展排污权有偿使用和交易试点工作的指导意见》颁布;排污权有偿使用和交易制度在嘉兴市、全省范围乃至太湖流域全面铺开。环境景观资源的有偿使用集中体现在门票费用的征收与管理上。[①] 2002 年 10 月,杭州西湖风景名胜区逆势成为全国第一个免费开放的 5A 级风景区。然而,免门票并不代表环境景观资源"无偿使用",更不代表无旅行成本和时间的机会成本,环境景观资源的经济化之路正越走越远,也越走越宽。生态平衡资源的有偿使用既可以指人对自然的补偿,也可以指人对人的补偿。浙江省生态平衡资源的有偿使用不仅局限于人对人的补偿,还在生态补偿中考虑了生态用水、生态用地和生态用气等的可能性。浙江省生态补偿始于 2004 年湖州市德清县范围内富裕地区对贫困地区的补偿,2005 年 3 月德清县政府出台了《关于建立西部乡镇生态补偿机制的实施意见》,进一步完善了县域层面的生态补偿机制;浙江省地级市层面的生态补偿始于 2005 年 5 月 31 日的《中共杭州市委办公厅、杭州市人民政府办公厅关于建立健全生态补偿机制的若干意见》;2005 年 8 月 26 日,浙江省政府颁布了《浙江省人民政府关于进一步完善生态补偿机制的若干意见》,这是全国范围内出台的第一个省级层面的生态补偿文件;2006 年 4

---

① 沈满洪,谢慧明.生态经济化的实证与规范分析——以嘉兴市排污权有偿使用案为例[J].中国地质大学学报(社会科学版),2010,10(6):27-34.

月28日,《钱塘江源头地区生态环境保护省级财政专项补助暂行办法》出台;2009年8月,在财政部、环保部等有关部门的指导下,《新安江流域跨省水环境补偿方案》出台。[①] 总之,在稀缺性面前,市场是天然的资源配置手段,能够在政府定价的基础上实现环境资源的高效配置。因此坚持走环境有偿使用的生态经济化之路既是浙江省应对"成长中的烦恼"的历史选择,也是浙江省市场化改革和实现环境要素市场化的必然选择,更是浙江构建"生态省""绿色浙江""美丽浙江""两美浙江"的科学选择。

三、从气候无偿使用到气候有偿使用

以全球气候变暖为特征的气候变化将对陆地生态系统、海洋生态系统、大气和人类生存等产生深刻影响。人类活动中化石燃料燃烧是气候变暖的诱发因素,二氧化碳占据温室气体排放比例往往最高,使得二氧化碳减排成为各国和地区最受关注的应对气候变化举措。[②] 在应对全球气候变化问题上,"搭便车"现象突出,世界各国"存量与增量的争论""总量与人均的争论""生产与消费的争论""一致还是差别的争论"和"自主创新与技术转移的争论"是主旋律。[③] 在解决全球气候变化问题中,"中国声音"和"中国方案"赢得世界赞赏。为了实现"十三五"乃至更长期的2030年温室气体减排目标,气候资源有偿使用和构建二氧化碳交易市场成为各省(区、市)在承担温室气体减排任务时的一项重要举措。浙江省早期应对气候变化主要是针对空气污染,真正针对碳排放管理

---

① 沈满洪,谢慧明,王晋,等.生态补偿制度建设的"浙江模式"[J].中共浙江省委党校学报,2015,31(4):45-52.

② 魏楚.中国二氧化碳排放特征与减排战略研究:基于产业结构视角[M].北京:人民出版社,2015:4-7.

③ 沈满洪,吴文博,池熊伟.低碳发展论[M].北京:中国环境出版社,2014:31-37.

是在2010年以后。2010年，浙江省人民政府发布《浙江省应对气候变化方案》；2013年，杭州市出台《杭州市能源消费过程碳排放权交易管理暂行办法》；2014年，嘉兴市海盐县、南湖区、秀洲区、平湖市纷纷出台各地的《用能总量指标有偿使用和交易办法（试行）》。在全省范围内，气候资源有偿使用和交易工作的指导意见出台于2015年，即《关于推进我省用能权有偿使用和交易试点工作的指导意见》。[①] 与此同时，浙江省碳汇建设也已实践多年。2008年以来，浙江碳汇基金、温州碳汇基金、临安碳汇基金、浙江碳汇基金鄞州专项等先后成立，《浙江碳汇基金管理办法》《温州碳汇基金管理办法》和《浙江碳汇基金碳汇项目实施方案编制提纲》等办法也相继出台。[②] 此外，中国二氧化碳交易市场可以追溯到2013年6月19日，二氧化碳排放量的统计工作仍在不断地深入与细化，基于不同行业、不同能源和不同地域开展二氧化碳排放量的总量控制政策十分必要且非常迫切。多元的市场交易价格会活跃碳汇交易市场，进而完善二氧化碳或碳权有偿使用的价格形成机制。基于政府定价、影子价格或边际减排成本等有偿使用价格的二氧化碳减排成为中国各试点省（区、市）以及浙江省推进碳权有偿使用和交易的主要方案。因此，坚持走气候有偿使用的生态经济化之路是浙江贯彻执行中央决策和主动承担责任的自主选择，也是浙江作为改革开放"弄潮儿"健全市场化机制和深化对外开放的应有选择。

---

① 沈满洪，张迅，谢慧明，等.2016浙江生态经济发展报告——生态文明制度建设的浙江实践[M].北京：中国财政经济出版社，2016：53-54.

② 周子贵，张勇，李兰英，等.浙江省林业碳汇发展现状、存在问题及对策建议[J].浙江农业科学，2014(7)：980-984.

第二节　绿色财税制度推进资源有偿使用的实践

资源有限,环境无价。如何运用生态补偿这个经济手段实现"绿""富"共赢是一个需要不断研究的课题。浙江省率先从"成长的阵痛"中惊醒,第一个在省级层面探索建立生态补偿机制,依靠经济手段推动"绿色浙江"建设,交出了美丽中国的浙江答卷。

一、德清县级层面生态补偿机制做法

(一)制度设计:区域内富裕地区对贫困地区补偿

地处浙江省北部的德清县在2004年被国家环保总局命名为国家级生态示范区。该县的西部区域是全县水源涵养区和生态林的集中分布区,位于筏头乡境内的对河口水库更是全县的主要饮用水源。多年来,德清县西部乡镇为保护这一带生态和这一片水源牺牲了一定的经济发展机会,故该区域的经济发展水平与该县中东部地区的经济发展水平相距甚远。2004年,该地区农民人均纯收入低于该县平均水平330元/人,乡镇人均财政收入只占该县平均的1/3。为了加快建设生态德清的步伐,缩小县域内富裕地区和贫困地区的收入差距,实现该县"创经济强县、建生态德清、构和谐社会"的目标,德清县于2004年组织开展了为期一年的生态补偿机制课题调研并提出了按照"谁受益、谁补偿"和"多元筹资、定向补偿"的原则建立生态补偿机制的建议。2005年3月,德清县政府出台了《关于建立西部乡镇生态补偿机制的实施意见》。德清县成为浙江省第一个在县级层面实施生态补偿机制的区县。

(二)制度特色:"小补偿"与"大补偿"双管齐下

德清县在生态补偿机制的具体实践过程中,充分融入了以生态补偿资金为主的“小补偿”以及建立西部地区保障型财政体制的“大补偿”。“小补偿”的具体方式主要体现在两个方面:一是建立生态公益林补偿基金。对西部地区国家级和省级重点公益林按每年每亩8元的标准补偿,对其他生态公益林按每年每亩4元的标准补偿。二是建立全县生态补偿基金。在县财政预算内安排100万元的同时,县政府再分别从全县水资源费中提取10%,在对河口水库水资源费中新增0.1元/吨,每年从土地出让金县一级所得部分中提取1%,从排污费中提取10%,从农业发展基金中提取5%。把这些生态补偿金纳入县财政专户管理,专项用于西部地区环保基础设施建设、生态公益林的补偿和管护、对河口水源的保护以及因保护西部环境而需关闭外迁企业的补偿等。“大补偿”的具体方式为建立西部乡镇财政基本保障型体制。根据财政收入规模将莫干山镇和筏头乡归为保障型财政体制,乡镇分成所得税为40%,增值税为70%。

(三)制度成效:污染治理成效显著,生态环境持续改善

理念和机制上的探索与实践使德清县步入了“经济生态化、生态经济化”的可持续发展道路。自2005年以来,经过数年的生态补偿实践,德清县西部乡镇污染源得到有效治理,仅2005—2006年,就关闭了85家低、小、散的水煮笋加工企业,对9家规模企业进行了整治;污水处理站等环保基础设施日趋完善,莫干山集镇、筏头乡集镇生活污水处理工程建成并投入运行,并建成5个农村生活污水处理示范工程;生态环境得到有效保护和改善,对河口水库水质连续六年稳定在Ⅱ类水标准;带动了生态农业、休闲旅游业等生态产业的发展,2010年环保部将德清县命名为国家生态县,其中莫干山镇成功创建为国家级生态村,优美的环境吸引了大批游客前来观光旅游。

二、杭州市级层面推行生态补偿做法

(一)制度设计:生态受益区对生态功能区补偿

“十一五”以来,杭州市委、市政府始终坚持“环境立市”的方针政策。为了贯彻落实杭州市委“环境立市”战略、全面推进杭州生态市建设,根据《中共杭州市委、杭州市人民政府关于加快推进杭州生态市建设的若干意见》精神,杭州市于2005年5月31日出台《中共杭州市委办公厅、杭州市人民政府办公厅关于建立健全生态补偿机制的若干意见》。该文件提出了根据“保护者受益、损害者付费、受益者补偿”“统筹协调、共同发展”“政府主导、市场参与”“公平公开、权责一致”的原则设计生态补偿机制。

(二)制度特色:创建了一套较为科学的生态补偿标准指标体系

首先,杭州市明确规定了补偿资金的来源,要求整合现有的市级财政转移支付和补助资金,建立生态补偿专项资金。从2005年起,杭州市财政在原有10项生态补偿政策方面已安排1.5亿元资金的基础上,再新增5000万元,使专项资金规模达到2亿元。其次,杭州市明确了补偿的重点领域,如市区大气环境污染综合整治;钱塘江、太湖流域(苕溪、运河水系)水环境整治、环境重点监管区域和重点行业污染整治;生态建设示范工程、“百村示范、千村整治”和“生态公益林建设”等,并强调在流域交接断面加强水质自动监测系统和重点污染源自动监测系统建设。最后,杭州市还建立了生态补偿的行政激励机制,积极启动绿色国民经济核算研究;主张在流域生态环境质量指标体系的基础上综合使用万元GDP水耗和万元GDP排污强度等指标创建一套科学的生态补偿标准核定体系。

(三)制度成效:实现了生态资源保护的经济效益化

杭州是第一个明确提出把生态资源保护和利用定位于"一种特殊的公共产品消费"的城市,并率先在市级层面提出通过政府调控与市场化运作相结合的方式逐步建立公平公正、权责统一的生态补偿机制。杭州市在生态补偿机制的探索中受益颇丰,人居生态环境质量明显改善,杭州市也成为浙江省唯一一个连续四年获得生态省建设考核优秀的市,下属的 13 个县(市、区)均被评为"国家环保模范城"或者国家级生态示范区。

三、浙江省级层面实施生态补偿制度

(一)制度设计:加大对省内源头地区的补偿力度

各地的自主探索为生态补偿的推行创造了条件。浙江省政府按照"统筹协调、共同发展,公平公正、权责一致,循序渐进、先易后难,多方并举、合力推进"的原则,于 2005 年 8 月 26 日出台了《浙江省人民政府关于进一步完善生态补偿机制的若干意见》。这是国内出台的第一个省级层面的生态补偿文件,标志着浙江省开始自上而下地推行生态补偿制度。该文件明确提出:加大财政转移支付中生态补偿的力度;加强资源费征收使用和管理并增强其生态补偿功能;积极探索区域间生态补偿方式并支持欠发达地区加快发展。

浙江省也是在全国率先编制生态环境功能区规划的省份。2008 年,浙江省环保厅根据省国民经济和社会发展中长期规划,编制完成了全省生态环境功能区规划。该规划是根据主体功能区规划的要求,整合各市县的生态环境功能区规划编制完成的;并逐步在相关的环保法规中加入了规划的相关要求,以此作为建设项目环境准入、严格环境监管、落实污染物减排的基本依据和重要手段。在实践的基础上，2013 年 8 月，浙江省在全国率先发布《浙江省主体功能区规划》，将浙江版图分为优化开发区域、重点开发区域、限制开发区域和禁止开发区域，明确“生态红线”，在空间上管制生态环境，形成刚性约束。与此同时，浙江 11 个地级市分别在区域内制订了生态环境功能规划，并且把规划作为落实污染减排、严格环境监管、建设项目环境准入的重要手段和基本依据。杭州、丽水、开化等市县根据本地的实际情况划定了不同类型的生态功能区，以此来保护生态环境，实现生态保护和经济发展双赢，坚定不移地走生态优先、绿色发展之路。

(二)制度特色:专项试点与全流域补偿

浙江省政府于 2006 年 4 月 28 日印发了《钱塘江源头地区生态环境保护省级财政专项补助暂行办法》，在钱塘江流域源头地区率先实行省级财政生态环保专项补助试点政策，从 2006 年开始每年安排 2 亿元，对钱塘江源头地区 10 个县(市、区)依据生态公益林、大中型水库、产业结构调整和环保基础设施建设等四大类因素进行考核，由当地根据自身生态环境保护重点安排使用。按照“谁保护，谁受益”“权责利统一”“突出重点，规范管理”和“试点先行，逐步推进”的原则，对钱塘江流域干流和流域面积 100 平方公里以上的一级支流源头所在的经济欠发达县(市、区)加大财政转移支付。2008 年 2 月 29 日，在总结完善钱塘江源头地区试点工作经验的基础上，浙江省政府办公室印发《浙江省生态环保财力转移支付试行办法》，决定对境内八大水系干流和流域面积 100 平方公里以上的一级支流源头和流域面积较大的市、县(市)实施生态环保财力转移支付政策，并以省对市县财政体制结算单位为计算、考核和分配转移支付资金的对象，成为全国第一个实施省内全流域生态补偿的省份。2012年,按照“扩面、并轨、完善”的要求,浙江对生态环保财力转移支付的范围、考核奖罚标准、分配因素和权重设置等作了进一步修改完善,将转移支付范围扩大到了全省所有市县。省财政2007—2013年总共安排了84亿元的生态转移支付资金。由省级财政作为省域范围内进行生态补偿转移支付的主体,解决了生态补偿的责任主体问题,也确保了市县政府的既得利益和积极性,建立了生态补偿的长效机制。不论是保护水源保护区,还是建设生态公益林的举措,都体现了“保护生态就是保护生产力”的基本精神,完成了生态保护从无偿到有偿的历史性变革。通过实践经验的累积,不断深化生态补偿机制:一方面,将单一的生态补偿机制拓展为生态保护补偿与环境损害补偿相结合的科学制度;另一方面,在多年的生态补偿制度的实践基础上,不断进行深化和完善。

(三)制度成效:实现了经济效益、社会效益和生态效益多赢

生态补偿机制为区域的生态安全提供了保障,调动了生态屏障地区内群众进行生态保护的积极性,使区域生态、社会、经济实现了全面协调可持续发展。生态补偿机制有效触动了地方对“GDP至上”旧思维的深刻反思,切实将生态文明内化为绿色发展需求,实现经济效益、社会效益和生态环境效益多赢。近年来,浙江生态建设的评价指标处于全国领先水平,浙江在生态补偿制度的探索方面走在了全国前列,在制度创新、实现路径等方面作出了重大贡献,为全国各地区生态补偿的实践提供了可借鉴的经验。

四、浙皖跨省流域生态补偿试点工作

(一)制度设计:从省内补偿扩展到跨省补偿

新安江发源于安徽省黄山市境内,地跨浙皖两省,流域总面积

达11674平方公里，是浙江省最大的入境河流，也是钱塘江的正源，其中流入千岛湖的水量占总入湖水量的60%以上，而且位于下游的千岛湖是浙江重要的饮用水水源地以及长三角地区的战略备用水源。随着对境内八大水系生态补偿实践的不断深入，浙江省认识到跨省的入境河流水质的重要性，并以新安江流域为切入点，与安徽省进行协商，开始着手实行跨区域流域生态补偿的试点工作。在财政部、环保部的主持下，于2009年8月制定出台了浙皖两省《新安江流域跨省水环境补偿方案》。浙江省内可以用交接断面湖泊标准水质改善作为补偿依据，对新安江上游的安徽省进行生态补偿。值得注意的是，以新安江流域生态补偿机制试点为范本的流域上下游横向补偿机制试点工作，已在广西、广东、福建、江西、河北、天津、陕西、甘肃等多地逐步推开。2021年，浙江省政府办公厅印发了《关于建立健全生态产品价值实现机制的实施意见》，要求完善流域上下游横向生态保护补偿机制，探索建设新安江—千岛湖生态补偿试验区；进一步完善异地开发补偿模式，在生态产品供给地和受益地之间健全利益分配和风险分担机制。

（二）制度特色：生态保护补偿与生态损害赔偿相耦合

在浙皖两省的不断协商推动下，2010年12月，财政部、环保部在新安江流域生态补偿试点酝酿的同时，先行拨付了5000万元试点启动资金。在国家层面的组织协调和浙皖两省的共同推进下，2012年由财政部、环保部牵头，浙皖两省正式签订协议，多年积极争取的全国跨省流域生态补偿机制试点正式启动实施。试点按照“明确责任、各负其责，地方为主、中央监管，监测为据、以补促治”的原则，以“中央补偿为主，地方补偿为辅”的政府补偿模式开展补偿。补偿资金额度为每年5亿元，其中中央财政出资3亿元，浙江、安徽两省分别出资1亿元,年度水质达到考核标准,浙江拨付给安徽1亿元;水质达不到考核标准,安徽拨付给浙江1亿元;不论上述何种情况,中央财政3亿元全部拨付给安徽省。资金专项用于新安江流域产业结构调整和产业布局优化、流域综合治理、水环境保护和水污染治理、生态保护等方面。

值得注意的是,2018年,为规范生态环境损害赔偿资金管理,推进生态环境损害赔偿制度改革,中共浙江省委办公厅、浙江省人民政府办公厅印发《浙江省生态环境损害赔偿制度改革实施方案》(浙委办发〔2018〕34号),对生态环境损害赔偿的权利人和义务人、生态环境损失赔偿资金的定义和来源、生态环境损失赔偿资金的使用范围、生态环境损失赔偿资金的收缴和使用程序以及部门关系进行了界定,实现了生态保护补偿与生态损害赔偿相耦合。

(三)制度成效:打破了流域生态补偿"走不出省界"的困境

跨省流域生态补偿试点是浙江省生态补偿的又一个制度创新,构建了"以公平竞争、协同合作、互通有无为主"的跨省流域生态补偿协商平台,打破了流域生态补偿"走不出省界"的困境,为其他地区开展跨省流域生态补偿工作提供了重要的经验。自跨省流域生态补偿试点以来,新安江流域的水质得到了改善,2011—2013年新安江流域总体水质为优,跨省界街口断面水质达到地表水环境质量标准Ⅱ～Ⅲ类。环保部公布的监测数据显示,与2008—2010年三年均值相比,2013年街口断面高锰酸盐指数、总氮、总磷年均值分别下降1.2%、6.9%、11.3%。

第三节　产权制度推进资源要素市场化配置的实践

总体上，生态经济化的初级阶段是指生态品从无偿使用到有偿使用的过程，该过程可能伴随着早期较为低级的交易，如“拉郎配”式的交易。这个阶段是政府主导生态经济化的初级阶段，是企业参与生态经济化的初级阶段，也是公众监督保障生态经济化的初级阶段。生态经济化的高级阶段是生态品的市场交易过程，该过程中政府的定位只能是服务或监管，而不是直接参与其中，此时企业的参与就变得十分重要。

一、浙江省自然资源产权赋权的实践

围绕农村“三块地”(承包地、宅基地、集体经营性建设用地)，2014 年浙江省全面启动实施了“三权到人(户)、权跟人(户)走”改革试点。德清县对全县所有农地、房屋等进行确权，颁发“流转经营权证”。与此同时，德清县搭建了县、镇、村、户四级农村综合产权流转交易服务平台，配套出台农村综合产权流转交易管理办法，规范产权流转交易，促进农村资源资本化和要素自由流动。此外，德清县还创新探索农村产权抵押贷款金融产品，村民可以用手中的股权、农房、林权、农村土地流转经营权等去抵押贷款，解决农民融资难问题，唤醒农村沉睡资产。

二、浙江省水权交易的实践

我国水权交易实践最早始于 2000 年浙江省东阳与义乌水权转让。浙江省在全国率先开展区域之间的水权交易。优化水资源配置和提高水资源利用率的一项重要制度就是水权交易。早在

2000年11月,浙江就产生了水权转让协议的实例:义乌市水资源短缺,东阳市水资源丰富,两地通过多次商讨,最终签署了水权转让协议。该协议的主要内容就是义乌一次性出资购买东阳横锦水库每年5000万立方米水的永久使用权。有了以上成功交易的实施经验,浙江省其他地区以及其他省份也都先后开展水权交易。例如,慈溪市自来水总公司在2002年与绍兴一公司签订了水权转让协议;甘肃省张掖市2003年实施了首例区域内农户间的水权交易,该交易实施的背景是黑河流域分水;黄河沿线的5个省份2006年在内蒙古自治区政府协调下从巴彦淖尔市河套灌区调整出3.6亿立方米的水量,满足他们的工业用水,实现了跨区域和跨行业的水权交易。全国不断涌现水权交易的案例。水权交易的精髓就在于,根据水资源边际收益的差异性,通过富水地区和缺水地区间的转让交易,实现稀缺水资源的优化配置,同时提高水资源的利用率。

浙江省萧山、诸暨、浦江三地签订了省内首个生态补偿协议。浦阳江发源于金华市浦江县,流经绍兴诸暨市、杭州萧山区,注入钱塘江。2018年,浦阳江流域上下游地区的浦江县、诸暨市与萧山区分别签订水环境补偿协议,约定浦阳江流域上下游共同设立水环境补偿资金,2018—2020年每个断面每年1600万元(上下游各出800万元)。[①] 按照《浦阳江流域横向生态补偿协议》,三地按照上下游关系,两两结对,根据交界断面的水质检测情况,以及用水量、用水效果等指标,决定谁受奖励、谁受处罚。第一次考核时间为第二年三月。以诸暨与萧山为例,诸暨流向萧山的水,优于前3

① 徐潇青,孟建阳.萧山、诸暨、浦江签订省内首个生态补偿协议[N].杭州日报,2018-05-10(16).

年水质，就由下游萧山补偿给上游诸暨每年800万元。如果水质差于前3年的平均值，上游诸暨付给下游萧山每年800万元。但进行补偿的前提是交界断面水质达到国家要求，且诸暨的用水总量、用水效率达到浙江省要求。如果上游出现了重大水污染事故，上游就要付给下游800万元，这相当于"一票否决制"。所谓横向补偿，是指流域上下游之间两两进行生态补偿，不再单一依靠中央、省级财政给予的纵向补偿资金。这份协议是浙江省建立流域上下游横向生态保护补偿机制的一个探索。2017年12月底，浙江省财政厅等四部门联合发布实施意见，2018年率先在钱塘江干流、浦阳江流域实施上下游横向生态保护补偿，到2020年全省基本建成这一机制。补偿标准除采用资金补偿外，流域上下游地区还可以根据当地实际需求探索开展对口协作、产业转移、共建园区等补偿方式，鼓励流域上下游地区开展排污权交易和水权交易。

三、浙江省排污权交易的实践

浙江虽然不是最早进行排污权交易的省份，却是最早实施排污权有偿使用的省份。2009年2月，浙江省被列入全国排污权交易首批试点省份，同年，浙江省排污权交易中心挂牌成立，正式启动排污权有偿使用和交易试点工作。截至2017年上半年，全省11个设区市的68个县（市、区）已进行试点，累计开展排污权有偿使用9573笔，缴纳有偿使用费17.25亿元，完成排污权交易3863笔，交易额达7.73亿元，开展排污权租赁388笔，交易额达699.28万元。[①]

浙江试点工作之所以成效明显，主要在于注重顶层设计和政

---

① 江右晏.生态建设中的"市场之手"[J].今日浙江，2014(20)：43.

策支撑。浙江省政府2009年出台了《浙江省人民政府关于开展排污权有偿使用和交易试点工作的指导意见》,全面布局试点工作,落实各地各部门责任;2010年,又出台了《浙江省排污许可证管理暂行办法》,进一步落实排污权载体。同年,浙江省政府办公厅出台《浙江省排污权有偿使用和交易试点工作暂行办法》,从宏观上构建了排污权有偿使用和交易工作框架。浙江省环保厅制定的各类办法、实施细则及技术规范,为排污权量化打下了基础。省级环保、财政、物价和金融部门联合出台了系列资金管理政策文件,为排污权货币化、市场化打通了道路。2011年,浙江即已基本构建完成一套较为完善,覆盖省、市、县三级的排污权有偿使用和交易制度框架体系,确保了试点工作的积极稳妥推进。此外,浙江省排污权有偿使用和交易机构的建设也初具规模。除浙江省排污权交易中心外,全省11个设区市中已有8个成立排污权交易机构,全省共有排污权交易机构25个,工作人员122名。尚未成立交易管理机构的地区,也暂将相关管理职能放在环保部门,并依托现有的产权交易所或公共资源交易中心开展排污权交易。

通过排污权有偿使用和交易的实施,全省确立了"环境容量是稀缺资源"的理念,促进了环境容量资源的优化配置,倒逼企业技术和管理创新,优化区域经济布局和产业结构,提高了污染减排管理水平,实现了政府、企业、社会的共赢。

四、浙江省碳交易权的创新实践

农业碳源碳汇双重属性使低碳农业具有减排增汇双重内涵。在新疆试行农业减排碳交易的同时,浙江省依托中国绿色碳汇基金成功探索了以碳汇造林项目为主的自愿市场的碳汇交易。首先,开展林业碳汇技术研究。制定了《森林经营碳汇项目技术规程》;浙江农林大学取得了国家碳汇计量监测资质。其次,建立碳汇基金管理体系并积极募集林业碳汇资金。2008—2010年先后成立了中国绿色碳基金温州专项和鄞州专项、浙江碳汇基金,逐步建立了国家、省级、市县级三级碳汇基金管理体系;利用经济发达优势,截至2011年底,全省已累计筹建碳汇基金占全国总数的2/3。再次,开展碳汇营造林项目建设。2010年在临安建立了全国第一个林业碳汇示范区,由中国绿色碳汇基金会向10户农户发放了"林业碳汇证",开展农户碳汇经营管理探索。最后,开展碳汇交易试点探索。2011年全国林业碳汇交易试点在义乌启动,共10家企业自愿订购了林业碳汇指标,这是我国首例林业碳汇指标认购交易。[①] 除森林具有明显碳汇功能外,湿地、稻田、农田土壤等也具有一定碳汇功能。因此,浙江省以中国绿色碳汇基金为依托、造林项目为主的碳汇交易(含捐赠认购和市场自愿交易)实践经验可拓展到湿地修复和保护、规模化粮食生产功能区稻田农作系统碳汇补偿、耕地土壤碳汇补偿等领域,可视为以农业减排增汇为突破口的农业生态效益市场化补偿的制度创新。

案例 4-1

衢州"绿色金融"改革实践

浙江省衢州市作为全国首批绿色金融改革创新试验区之一,积极开展区域绿色金融改革创新实践,秉持"绿色+特色"理念,努力建设绿色金融的"五个支柱",使地方经济步入了绿色可持续发展的轨道。围绕绿色金融,衢州开展了40多项创新工作,构建了具有地方

① 周子贵,张勇,李兰英,等.浙江省林业碳汇发展现状、存在问题及对策建议[J].浙江农业科学,2014(7):980-984.

特色、服务绿色产业、组织体系完备、产品服务丰富、政策协调顺畅、基础设施完善、稳健安全运行的绿色金融体系。截至2020年末,衢州绿色信贷余额达1067亿元,比获批试验区前的2016年末增长了3.8倍,占全部贷款比重达35%;在中国人民银行2019年度绿色金融改革创新试验区综合评估中,衢州位居第二。

一是设立"两山银行",探索生态产品价值实现机制。2020年,衢州成为全省"两山银行"改革的两个先行试点市之一。衢州以实现"两山"转化为目标,不断加强生态资源整合,通过设立"两山银行"唤醒"沉睡"的生态资源,加快推进"资源—资产—资本"转化进程。"两山银行"并不是真正意义上的银行,而是借鉴银行"分散式输入、集中式输出"的经营理念,将碎片化的生态资源进行规模化的收储、专业化的整合以及市场化的运作,把生态资源转化为优质的资产包,从而实现"两山"优质高效转化的模式。衢州"两山银行"创新"多点开花",亮点层出不穷,为实现生态产品价值蹚出了新路径,也为刺激当地经济活力、扎实推动共同富裕打开了新通道。

二是突出规范引领,推进绿色金融标准建设。衢州率先建设绿色企业(项目)地方规范,为全国推动实施绿色金融标准积累了一定的经验,同时开展金融机构绿色化改造。持续推动辖内金融机构绿色化转型,目前衢州已设立金融机构绿色金融事业部、专营支行等64家。

三是构建激励体系,引导绿色低碳信贷支持。首先,加强财政支持。浙江省财政每年安排5亿元专项资金用于绿色信贷贴息、绿色金融机构培育、绿色产品和服务创新等方面。其次,综合运用多种货币政策工具,引导金融机构加大对绿色低碳领域的信贷支持。2018—2021年,中国人民银行衢州市中心支行累计发放具有绿色导向的再贷款再贴现资金超30亿元。

四是完善市场体系，提供绿色金融服务方案。2018—2021年，衢州各类金融机构针对传统产业的绿色化改造，提供信贷、保险、担保等一揽子绿色金融服务方案，形成了一批可复制推广的绿色金融创新案例和服务模式。首先，创新“安环险”，为传统工业转型升级保驾护航。其次，创新绿色信贷产品，扶持特色产业健康发展。最后，创新全链条金融服务，支持生猪养殖业绿色转型。

五是探索科技赋能，完善绿色金融基础设施。运用大数据、云计算、人工智能等手段，衢州探索构建了“线上有平台、线下有顾问、空中有桥梁”的绿色金融科技支撑体系。搭建衢州绿色金融服务信用信息平台（衢融通），开发金融机构碳账户管理系统，在全国率先建成农信系统绿色银行服务平台。该平台从客户绿色风险等级、绿色金融资产、绿色生态效益三个层面实现与信贷资源的自动映射和计算，优化信贷风险监测手段和资产结构。

案例来源：区域绿色金融改革探索——浙江衢州的实践[EB/OL].(2021-04-29)[2022-10-18]. https://finance.sina.com.cn/money/bank/yhpl/2021-04-29/doc-ikmxzfmk9629329.shtml.

案例简析 〉〉〉

尽管衢州在绿色金融改革创新方面取得了一些成功的经验，但仍面临诸多挑战。一是正向激励的政策措施不够有力。衢州在浙江省属于经济欠发达地区，地方财力相对薄弱，许多扶持政策难以落到实处，专项资金对金融机构绿色供给的激励作用有限。二是强制性的约束机制尚未有效建立。金融机构环境信息披露机制尚未建立健全，大多数绿色金融产品还未与企业碳排放、碳足迹挂钩。三是绿色发展的基础设施和市场体系不健全。作为新生事物，绿色金融发展仍存在标准不统一、信息获取困难、碳金融市场建设滞后等问题,从而给衢州这样的先行试点地区的相关业务开展带来不便。四是产品和服务创新尚不能契合绿色转型发展需要。目前,衢州的绿色金融产品仍以传统绿色信贷和绿色债券为主,信息化、科技化手段运用不足,缺乏从信贷、担保、保险、债券、基金到股权等多层次产品体系。

◆◆ 案例 4-2

德清"三权到人(户)、权跟人(户)走"改革

(一)围绕农村"三块地""三权到人(户)"全面完成[①]

着力解决农村"三块地"(承包地、宅基地、集体经营性建设用地)问题,自2013年初,德清县全面启动"三权到人(户)、权跟人(户)走"改革。一是土地经营权100%确权。通过组建村土地股份合作社,将农村土地所有权、承包权、经营权"三权分置"。二是宅基地100%确权。按照"一户一宅、建新拆旧"原则,对农村宅基地和农房进行分类处理,对超出面积采用"虚线划定"等方式提高发证率。德清县所有宅基地已100%确权,所有农房100%完成测绘工作,近10万农户领取了房产证。三是集体资产100%确权。德清县160个村级经济合作社100%完成股份合作制改革,1.98亿元村级集体经营性资产已量化到人,发放股权证书9.1万本,农民成为股东。

(二)深化"三权"抵押融资,"权跟人(户)走"的基础不断夯实[②]

为盘活农民资产,德清县于2013年就开始实施农民住房抵押

① 都红雯.深化农村"三权"抵押融资 夯实"权跟人走"经济实力——关于德清县"三权到人,权跟人走"改革的调研报告[J].党政视野,2015(2):33.

② 都红雯.深化农村"三权"抵押融资 夯实"权跟人走"经济实力——关于德清县"三权到人,权跟人走"改革的调研报告[J].党政视野,2015(2):33.

贷款。2014 年 8 月，出台《关于鼓励金融机构开展农村综合产权抵押贷款的指导意见》。一是“三权”抵押贷款全面提升。至 2014 年底，农房抵押贷款由 1—7 月的累计 3 户 85 万元增长到 585 户 7115 万元；农村土地(林地、水面)流转经营权抵押贷款由 1—7 月的累计 1 户 37 万元增长到 289 户 17508 万元；集体经济股权抵押贷款实现零的突破，达到 164 户 2688 万元。二是各类农村潜资产全面激活。继“土权”“林权”“房权”等抵押贷款扩面推广之后，德清金融办创新做法，深挖“股权”“水权”等资产融资潜力。三是农民创业激情不断提升。“三权”抵押贷款已经覆盖德清县所有 12 个乡镇，借款主体包括农户、农村合作社以及涉农企业等，贷款主要用于购买农机农资、种养殖、开店等，直接帮助 1038 个农户和个体企业起步创业，间接推动 1 万多农户实现就业增收。四是农民收入明显提高。“三权”抵押贷款不仅加快了土地流转，而且提高了农民土地租金收入，2017 年，德清每亩土地租金为 800～1200 元/年。洛舍镇村民陆建国以农房抵押获 25 万元贷款，鱼塘养殖面积由原来的 50 亩扩大到 70 亩，家庭纯收入增加 10 万元。新安镇种粮大户沈炳水以 400 亩土地抵押获 30 万元贷款，种粮纯收入年新增 8 万元。

案例 4-3

临安率先试点制度性山塘水库水权交易

2018 年 12 月 12 日下午，在杭州市临安区板桥镇上田村，全省首批 22 本水权证正式发出。与此同时，东天目村、亭口村分别与一家企业达成山塘使用权转让协议。作为全省第一批确权登记后的水权交易，这两份协议也标志着临安在全省率先成功试点制度性的山塘水库水权交易。

作为此次签约权属出让方之一,东天目村百姓对水权交易期盼已久。该村村支书表示,村里的梅家坞山塘库容达 8 万多立方米,远超村民用水所需。之前,村集体也试着和村里的农家乐业主签订用水协议,但“那种简单协议不具法律效力,双方利益都难以保障,难以持久”。随着协议签订,临安区农村水务资产经营有限公司正式获得梅家坞山塘的部分使用权。公司有关负责人表示,梅家坞山塘水资源使用量共计 54.06 万立方米,此次他们受让了 25.55 万立方米水资源的使用权。梅家坞山塘水资源的评估单价为每立方米 0.23 元,年保底价为 58765 元。往后,梅家坞山塘的水除了保障本村使用,还将供应南庄村、上阳村。

通过赋权、活权,临安拓展了山塘水库的权能。“水域和水面的使用也首次纳入水权交易范围。”杭州市林业水利局有关负责人介绍,此次杭州金坞里休闲农业开发公司和亭口村签订的金坞山塘水权转让协议,将挖掘旅游价值。根据协议,亭口村村集体每年将获得承包租金 77868 元,3 年后开发公司再支付红利的 2%(保底 5 万元)。

“像临安这样制度较齐全、程序较规范、合法合规的水权交易,在全省尚属首例。”浙江省水利厅有关负责人表示,临安山塘水库水资源使用权改革已探索出包括确权、赋权、活权、保权在内的一整套做法,推广这些做法将唤醒全省数以万计的山塘水库资源。

案例来源:翁杰,钱祎.临安率先成功试点制度性山塘水库水权交易　全省首批 22 本水权证发出[N].浙江日报,2018-12-13(3).

案例简析 〉〉〉

所谓水权,就是水资源的使用权,即在一定期限内所拥有的水资源使用、转让、收益等权利。临安区水利水电局有关负责人说，许多农村山塘水库除部分用于农业灌溉和生活用水外，多数时间处于闲置状态，而管护成本却不低。临安作为水权改革试点区，自2014年以来不断探索如何盘活“沉睡”水资源并将其推向市场，实现水资源价值的最大化。

案例 4-4

创建低碳小镇，临安解锁美丽城镇建设新模式

推进碳达峰碳中和是党中央国务院作出的事关中华民族永续发展和构建人类命运共同体的重大战略决策，功在当代、利在千秋。临安发挥浙江农林大学等高等院校的人才科研优势，利用林业碳汇等生态资源，运用数字化思维、数字化技术、数字化手段，探索建设碳中和先行示范区。临安先后落地了G20峰会史上首个“碳中和林”项目，建设全球首座雷竹林碳汇通量观测塔，启动天目“临碳”数智大脑项目。

（一）全球首座雷竹林碳汇通量观测塔

2010年，由浙江农林大学和临安市林业局、安吉县林业局共同建设的毛竹林碳汇通量观测塔、雷竹林碳汇通量观测塔分别在两地建成并投入使用。两座塔内拥有辐射传感器、光三维超声风速仪、二氧化碳水汽分析仪等科学探测仪器，每座观测塔总投资均超过百万元。两座观测塔均能全自动、全天候采集竹林不同冠层的二氧化碳浓度等竹林生态系统的宏观信息，以此观测、记录毛竹林、雷竹林的固碳功能。两座竹林碳汇通量观测塔的建成，将为浙江培育毛竹林、雷竹林，发挥固碳功效提供技术资料，也为以后竹林碳汇交易提供具体的数据支撑。

（二）G20峰会史上首次植造碳中和林

2017年，临安太湖源镇上阳村的重阳坞新种植27722株红豆杉、银杏、浙江楠、栾树、无患子等珍贵树种，新开植334亩林地用于抵消2016年G20杭州峰会排放的6674吨二氧化碳，以实现会议零排放目标。这是G20峰会会议史上首次植造碳中和林。在未来20年里，该片中和林将累计增加碳汇6680吨，完全吸收G20杭州峰会排放的全部温室气体，帮助峰会实现零排放的目标；此外还将增加280余个就业岗位，产生直接经济效益1200余万元。

（三）全省首个数字化“碳中和”管理平台

2021年，临安启动天目“临碳”数智大脑项目，作为浙江省首个上线运行的数字化“碳中和”管理平台，天目“临碳”数智大脑聚焦碳排放、碳减排、碳汇三大重点领域，开展数字化技术综合应用，实现数据协同应用，并率先推出了“碳汇数字资产”等创新应用，着力于制度标准创新，为全国构建高质量发展体系提供理论探索。该项目可应用于“工业企业科学降碳管理、山核桃足迹分析管理、垦造耕地、废弃矿山复绿分析管理、绿色建筑低碳分析管理平台”等多个场景。

案例来源：陶国英，刘波．天目“临碳”数智大脑科技助力低碳镇建设[J]．浙江林业，2022(7)：12-13.

案例简析 〉〉〉

临安探索建设碳中和先行示范区，深化集体林权制度改革，在林地经营权流转证制度、公益林补偿收益权质押等方面先行先试，成为首个“全国碳汇林业试验区”。建立了中国绿色碳汇基金会临安碳汇专项基金，在5个镇街实施竹林经营碳汇累计7.5万亩，预计30年内可固碳110万吨，为林农带来碳汇收益约3300万元。

在“龙门秘境”打造了公众碳汇林基地，为倡导低碳出行打造“临安窗口”。太湖源低碳小镇、湍口零碳小镇实践区相继落地，国内首个农产品数字化碳标签在太湖源头面世。发展低碳经济，与自然资源禀赋、技术支撑力量和数字化改革基础密不可分，而通过数字技术应用找出减少碳排放的方法，实现碳中和碳达峰，临安则贡献了经验。

案例 4-5

杭州市余杭区青山村“水基金”模式

青山村位于杭州西北郊，距离杭州市中心约 42 公里，三面环山，森林覆盖率接近 80%，拥有丰富的毛竹资源。自 20 世纪 80 年代，村民在龙坞水库周边大量使用化肥和除草剂以增加毛竹和竹笋产量，造成了水库氮磷超标和面源污染。

2014 年开始，生态保护公益组织“大自然保护协会”(The Nature Conservancy，以下简称 TNC)与青山村合作，采用水基金模式开展了小水源地保护项目，通过建立“善水基金”信托、吸引和发展绿色产业、建设自然教育基地等措施，引导多方参与水源地保护并共享收益，逐步解决了龙坞水库及周边水源地的面源污染问题，构建了市场化、多元化、可持续的生态保护补偿机制，实现了青山村生态环境改善、村民生态意识提高、乡村绿色发展等多重目标。项目主要做法表现为以下三方面。

(一)组建“善水基金”信托，建立多方参与、可持续的生态补偿机制。

2015 年，TNC 联合万向信托等合作伙伴，组建了“善水基金”信托并获得 33 万元的资金捐赠，用于支持青山村水源地保护、绿色产业发展等。“善水基金”信托建立了由各利益相关方参与的运行结构和可持续的生态补偿机制。

(二)坚持生态优先,基于自然理念转变生产生活方式。

在当地政府和青山村的支持下,“善水基金”信托按规定流转了水源地汇水区内化肥和农药施用最为集中、对水质影响最大的500亩毛竹林地,基本实现了对水库周边全部施肥林地的集中管理,有效控制了农药、化肥使用和农业面源污染。同时,TNC作为信托的科学顾问,充分发挥专业优势,积极推动水源地生态保护,促进村民基于自然理念转变生产生活方式。

(三)因地制宜发展绿色产业,构建水源地保护与乡村绿色发展的长效机制。

在开展水源地保护、生态保护补偿的同时,青山村和“善水基金”信托努力探索一种比毛竹林粗放经营获益更高,又对环境友好的绿色产业发展模式,积极培育市场主体,引入各方资源开展多元化项目开发。

案例来源:刘超,吴孝祖,蔡丽悦.一场通向未来的乡村实验[N].中国自然资源报,2022-11-29(1).

案例简析 〉〉〉

借助“善水基金”项目,青山村搭建了一个多方参与、共同磋商的开放性协作平台,形成了“保护者受益、利益相关方参与、全社会共建共享”的共赢局面。该项目为青山村经济发展提供了可持续内生动力,同时,也有效激发了村民的生态保护意识,在水源地管护、生态活动以及文创产品开发等方面取得了明显成效,成功构建了一个公益组织、政府、村民、企业、社会公众等主体共同参与的市场化、多元化生态价值实现机制,实现了青山村生态环境改善、生态产品价值增值以及乡村绿色发展等多重目标。

本章小结

创新生态文明制度，协同推进绿色财税制度、产权制度等改革，以及实现对生态环境资源从无偿使用到有偿使用的转变是坚持生态优先、绿色发展的关键。浙江通过制度创新和多样化的推广方式，实现了资源权、环境权、气候权等生态权的确权、分配和再分配。同时，浙江积极探索县级、市级、省级、跨省等层面的生态文明制度创新和实践发展。德清县通过构建“小补偿”与“大补偿”双管齐下的生态补偿机制，步入了可持续发展道路。杭州市创新构建了一套较为科学的生态补偿标准体系，实现了生态资源保护的经济效益化。浙江省级层面以专项试点与全流域补偿为核心，建立了生态补偿的长效机制，实现经济效益、社会效益和生态效益多赢。创新建设跨省流域生态补偿试点，坚持生态保护补偿与生态损害赔偿相耦合，打破了流域生态补偿的界限困境。此外，浙江以自然资源产权、水权交易、排污权交易、碳交易权等产权制度创新推进资源要素市场化配置，形成了一批可复制、能推广的生态文明发展实践模式。

思考题

1. 什么是生态补偿？其主要做法是什么？

2. 如何优化我国生态补偿机制与做法？

3. 简述碳汇交易含义及其在我国实施的可行性。

拓展阅读

1. 习近平. 习近平谈治国理政. 第四卷[M]. 北京：外文出版社，2022.

2. 全国干部培训教材编审指导委员会. 生态文明建设与可持

续发展[M].北京:人民出版社,2011.

3.李军等.走向生态文明新时代的科学指南:学习习近平同志生态文明建设重要论述[M].北京:中国人民大学出版社,2019.

4.张云飞,李娜.开创社会主义生态文明新时代[M].北京:中国人民大学出版社,2017.

5.左亚文等.资源　环境　生态文明:中国特色社会主义生态文明建设[M].武汉:武汉大学出版社,2014.

6.沈满洪.资源与环境经济学[M]北京:中国环境出版社,2015.

提高生态环境领域国家治理体系和治理能力现代化水平。要健全党委领导、政策主导、企业主体、社会组织和公众共同参与的现代环境治理体系，构建一体谋划、一体部署、一体推进、一体考核的制度机制。

——摘自《努力建设人与自然和谐共生的现代化》[1]

第五章　生态优先、绿色发展推进现代生态治理体系建构

本章要点

1. 法治是推进生态文明建设的根本保障，是落实生态为民的重要依靠，是保护生态环境的基本方式，必须不断完善顶层设计，建立和施行最严格的制度、最严密的法治，为生态文明建设和绿色发展保驾护航。

2. 生态文明建设呼唤生态治理的现代化，生态治理现代化包括治理体系的现代化——法治化、制度化、规范化、程序化、多元化以及治理能力的现代化。在推进生态文明建设过程中，浙江强化公共政策引导功能、大力建设公共服务体系、改革政绩考核评估体系等多项举措加快了生态治理现代化的进程。

3. 推进生态文明建设，必须将培育生态文化作为重要支撑，大力培育社会主义生态文化，健全公众参与生态文明建设的机制与渠道，通过体制创新广泛动员社会力量参与生态文明建设，使生态

① 习近平. 努力建设人与自然和谐共生的现代化[M]//习近平. 习近平谈治国理政. 第四卷. 北京：外文出版社，2022：366.

文明建设成为全社会的自觉行动。

在现代化语境下,中国生态治理现代化表现为世界性场域、全局性意义与整体性战略的有机统一。中国生态治理现代化是国家治理体系和治理能力现代化的题中应有之义、解决生态环境问题的根本道路、实现高质量发展的重中之重。党的十八大以来,“中国特色社会主义制度更加成熟更加定型,国家治理体系和治理能力现代化水平不断提高”[①]。国家生态治理现代化是国家治理现代化的重要内容之一。习近平总书记强调,提高国家生态治理现代化水平必须“构建一体谋划、一体部署、一体推进、一体考核的制度机制”[②]。十八届三中全会首次提出了全面深化改革的总目标——完善和发展中国特色社会主义制度,推进国家治理体系和治理能力现代化。在庆祝中国共产党成立100周年大会上的讲话中,习近平总书记把生态文明作为中国式现代化新道路和人类文明新形态的重要内容[③],为全面推进国家生态治理现代化指明了方向、提供了新动能。一方面,要促进国家生态文明制度优势与国家生态治理现代化良性互动,实现生态文明制度的生命力、执行力、凝聚力和引导力与生态治理的“制度化、规范化、标准化和法治化”[④]均衡适配、同步一体的协同发展,必须将“法治”作为逻辑主线贯穿于国家生态治理现代化的全过程。另一方面,现代环境治理的本质

① 中共中央关于党的百年奋斗重大成就和历史经验的决议[N].人民日报,2021-11-17(1).

② 习近平.习近平谈治国理政.第四卷[M].北京:外文出版社,2022:366.

③ 习近平.习近平谈治国理政.第四卷[M].北京:外文出版社,2022:10.

④ 中共中央关于党的百年奋斗重大成就和历史经验的决议[N].人民日报,2021-11-17(1).

在于调节生态环境问题背后的生态与社会、经济、技术的关系，紧紧围绕治理主体与治理客体之间的制度安排展开，治理效果最终呈现为生态与社会的具体张力及相互影响。因此，要处理好生态治理与生态文化的关系，以及党委领导、政策主导、企业主体、社会组织和公众等主体之间的关系。

第一节　生态文明法治建设的浙江实践

生态优先、绿色发展是一场系统性的绿色变革，需动真碰硬，更需要法治先行。法治是推进生态文明建设的根本保障，是落实生态为民的重要依靠，是保护生态环境的基本方式。要打破长期以来"经济发展一手硬、环境保护一手软"的怪圈，必须不断完善顶层设计，建立和施行最严格的制度、最严密的法治，为生态文明建设和绿色发展保驾护航。

在浙江工作期间，习近平同志高度重视以法治思维推进生态省建设。他指出，"法治建设是建设节约型社会的保障"[①]"抓紧制定和完善促进资源节约利用、有效利用的法律法规，制定更加严密的节约的标准，建立强制淘汰制度，完善市场准入制度，建立新上建设项目的资源评价体系"[②]。在他的推动下，浙江制定出台了一系列关于生态文明建设的法规规章，如《浙江省大气污染防治条例》(2003)、《浙江省海洋环境保护条例》(2004)、《浙江省自然保护区管理办法》(2006)等。近年来，浙江省制定出台了一批地方性法

---

① 习近平. 干在实处　走在前列——推进浙江新发展的思考与实践[M]. 北京：中共中央党校出版社，2006：192.

② 习近平. 干在实处　走在前列——推进浙江新发展的思考与实践[M]. 北京：中共中央党校出版社，2006：192.

规,使各级政府在环境整治中拥有更加明确、严格、可操作的法规依据,把生态文明建设纳入依法治理轨道。一方面,修编完善环境法规规章,实行最严格的环境准入制度。探索建立了空间准入、总量准入、项目准入“三位一体”以及专家评价、公众评议“两评结合”的新型环境准入制度,逐步构建起由政府调控、市场引导、公众参与等构成的较完整的法规制度框架。这一法规制度,可以有效减少企业行为的外部性,减少由其带来的社会成本;提高排污标准,使企业对环境的影响降到最低;提高市场进入成本,使技术落后、效率低、环境污染大的企业退出市场,实现从源头上控制环境污染和生态破坏。另一方面,通过强化执法建立强有力的司法保障。浙江各级司法行政机关优化环保、土管、水务、公安联动执法机制,加大对涉及水环境和土地资源的违法犯罪行为的打击力度,对违法行为严厉打击、公开处理、追究责任人。对于造成严重后果的环境违法行为,实行行政、民事、刑事三法并举,根据水污染和土地违法情况及时勒令其限期治理,甚至采取关、停、并、转等行政处罚措施。对造成生态环境损害和重大国土资源浪费的责任者实行终身责任追究制,严格实行赔偿制度,依法追究刑事责任。[①] 浙江把贯彻生态优先、绿色发展,建设生态文明作为“法治浙江”建设的大平台、试验田和活教材,绿色发展理念与“法治浙江”建设相结合,使浙江生态文明建设真正走上依法推进的健康轨道。

一、实行最严格的环境准入制度

环境违法形成原因复杂,往往是一个案件涉及多个法律法规执行主体且其违反多部法律法规。因此,浙江以全面深化改革为

① 王祖强,刘磊.生态文明建设的机制和路径——浙江践行“两山”重要思想的启示[J].毛泽东邓小平理论研究,2016(9):39-44.

契机，加快地方性法规的制定出台步伐，如机动车污染防治、噪声管理、生态保护、畜禽养殖污染防治等；建立健全最严格的水资源管理和水环境监管制度，加快研究制定和实施水权制度；修改完善城乡规划法、土地管理法、城市市容和环境卫生管理条例及住宅物业管理办法，使全省大规模拆违行动在法治的轨道上有序推进；加强相关领域的立法，使县级政府在环境整治和土地保护中拥有更加明确、严格、可操作的法律依据。健全生态环境保护责任追究制度，对未达到区域环境保护目标、污染排放目标、环境质量目标的责任人实行生态危害问责制。研究制定跨区域生态环境诉讼管辖、污染鉴定、损失计算、公益诉讼的规范性文件，指导环境执法和司法实践。修编完善浙江省生态环境地方标准规划，研究制定环境质量、污染物排放、环境准入等地方标准，实施绿色认证制度，[①]深入开展整治违法排污企业、保障群众健康环保专项行动，加大执法力度和对破坏生态行为的惩罚，对环境违法行为坚持"零容忍"；采取经济处罚、追缴排污费、停产整顿、媒体曝光、挂牌督办、区域限批、荣誉摘牌、行政约谈等措施，强化环境监督管理，使企业在违法与守法的博弈中朝着守法方向发展。同时，浙江强化环境行政处罚与刑事处罚无缝衔接，重拳打击环境违法行为。落实环境监察制度，研究设立环境监察专员，推进环境行政执法与司法监督、公众监督、舆论监督相结合的环境监管制度建设。[②] 环保方面涉及建筑工地垃圾、生活娱乐噪声、垃圾和秸秆焚烧、畜禽养殖污染和固体废物遗撒倾倒等行政处罚及其相关行政监督监察、行政强制

---

① 王祖强. 依法建立"五水共治"、"三改一拆"的长效机制[J]. 中共浙江省委党校学报，2014，30(6)：14-15.

② 浙江省人民政府办公厅关于加强环境监管执法的实施意见[J]. 浙江省人民政府公报，2015(14)：18-23.

职责,纳入综合行政执法范围。按照"堵疏结合、宽严并济、统筹推进"的原则,对污染排放较严重、不符合当地产业政策或影响群众生产生活的"低、小、散"企业和各类小型加工场进行清理整顿。

二、创新执法体制保障生态文明建设

浙江积极探索环境执法与司法联动机制创新,合力从严打击环境违法犯罪,生态文明执法体制改革取得显著成效。2012 年以来,浙江环保部门分别和检察、公安建立了部门协作与联动执法机制,接续出台《关于建立环保公安部门环境执法联动协作机制的意见》《建立打击环境违法犯罪协作机制的意见》等文件,同时逐步完成公检法机关驻省、市、县三级环保单位联络机构的覆盖,有力推动了浙江生态文明执法的体制机制建设,极大地提高了对环境违法犯罪的打击力度和效率。

2018 年,浙江还组织开展了"蓝天保卫""护水斩污"和"清废净土"三大专项执法行动,截至 6 月 20 日,全省共查处环境违法案件 3637 件,罚款 2.4 亿元,移送公安案件 278 件。浙江已经在全国率先实现了省、市、县三级环保单位与司法机关联络机构全覆盖,这意味着浙江环保与司法部门紧密合作,联动打击环境违法犯罪已渐成常态。

三、营造生态文明建设良好氛围

没有良好的法治环境,法治理念的培养就会举步维艰。社会公众和企业作为参与"五水共治"的重要主体和主要受益者,是否具有维护法律意识,将直接影响"五水共治"工作成效。各级党委、政府要通过组建"五水共治""三改一拆"法治宣传队伍、制作宣传资料、开展法律培训,以及进行以"五水共治""三改一拆"为主题的学法、守法、用法、护法等环境法治宣传教育,形成浓厚的法治宣传氛围，使公众和企业了解环境和土地资源保护的权利与义务，自觉提高环境法律意识和水平，积极参与创建美好环境，集约节约利用资源，监督环境和土地违法行为，做环境资源保护的自觉实践者。

重点围绕水、大气、土壤、固体废物、辐射等污染治理和资源有偿使用、生态补偿、生态修复以及食品安全等热点难点问题，营造良好的舆论氛围，创建公平、公正的法治环境，让人们对法治充满信心。通过广泛开展法律进机关、进乡村、进学校、进企业、进单位活动，动员和引导广大市民自觉参与法治实践，提高社会法治化管理水平。

第二节　生态治理现代化的浙江实践

中国共产党十九届四中全会通过《中共中央关于坚持和完善中国特色社会主义制度推进国家治理体系和治理能力现代化若干重大问题的决定》，从推进国家治理体系和治理能力现代化出发，提出一系列生态制度，成为生态治理现代化的基本遵循。生态治理现代化包括治理体系的现代化——法治化、制度化、规范化、程序化、多元化以及治理能力的现代化。[①] 生态文明建设呼唤生态治理能力的现代化，践行绿色发展理念，党和政府大有可为，需要把生态治理上升为政府的核心职能，把环境优化纳入经济发展水平的评价体系和考核指标，形成低碳发展、增长转型的政策环境，动员全社会力量参与行动，并全方位构建社会监督体系，积极发挥党委、政府在生态文明建设中的主导作用、关键作用。

---

① 周宏春.呼唤生态治理现代化(新时代新步伐)[N].人民日报(海外版)，2018-12-11(8).

一、强化公共政策引导功能

把生态治理上升为政府的核心职能,强化公共政策、公共资源、公共权威对生态文明建设的导向与支撑功能,努力让各级政府在制定区域经济发展战略、实施地方产业发展规划、配置稀缺要素资源等方面发挥主导性作用。① 这种发展模式较好地发挥了政府的组织优势,克服了工业化初期市场体系发育不健全、市场主体自组织能力较弱的局限,成功地将社会资源有效地整合起来投入工业化发展,实现经济超常规的发展。② 推进经济转型升级和生态文明建设,首先要求各级政府将生态发展的理念、思路全面贯彻落实到地方经济社会发展的总体战略之中,通过产业结构、产业布局、产业政策的调整,有效发挥政府校正市场失灵的作用,形成节约能源资源和保护生态环境的产业结构、增长方式、消费模式。

公共政策对整个社会资源的配置发挥着重要的导向作用。生态文明建设涉及复杂的利益关系,无法完全依赖于市场的自发性调节,无法单纯依赖于企业和公民的自觉,而必须建立健全一整套鼓励企业加快转型升级、引导全社会共同参与生态治理的保障机制。这就需要各级党委和政府依据经济转型和生态文明建设的内在要求,深化体制创新和政策创新,强化公共政策的发展导向,通过形成低碳发展、转型发展和生态文明建设的政策环境和发展导向,通过健全激励机制和约束机制,有效地引导企业摆脱粗放型的经营模式,走技术、品牌、管理创新的内涵式发展道路;通过强化功

① 中共浙江省委党校课题组.走生态立省之路 促生态文明建设[N].浙江日报,2010-07-05(7).

② 何显明.政府角色转型与生态文明建设的路径选择[J].中共浙江省委党校学报,2010,26(5):24.

能区布局及财政转移支付等制度创新，统筹协调区域间在生态文明建设上的合作。

二、大力建设公共服务体系

生态治理是一项极为浩大的生态发展工程，需要大笔的资金投入，而由于这些项目显著的公益性质，市场主体往往缺乏参与的动力，社会组织和个人也难以承受其昂贵的成本，需要由政府借助于公共资源和公共权力来承担。要强化党委、政府部门的内部整合、协调，积极推进生态型政府的建设，努力形成推进经济转型升级和生态建设的体制合力，为生态文明建设提供强有力的技术、人才、信息、法制等公共资源和公共权威支撑。

浙江通过盘活存量资金、整合专项资金、压缩“三公”经费等方式，逐步加大生态环境保护、水环境保护、生态公益林建设、农村环境整治等生态环保投入。2013 年以来，浙江省财政每年安排山区经济发展专项资金 10 亿元，重点支持优化山区发展环境，促进生态经济发展，仅“五水共治”一项行动，全省就计划总投资 2048 亿元。此外，浙江不断深化体制创新和政策创新，强化公共政策引导功能，努力形成低碳发展、增长转型的政策环境和发展导向。为了强化各级政府的环境保护责任，加大治污减排力度，浙江自 2015 年起在全省推行与污染物排放总量挂钩的财政收费制度，对各地每年排放的主要污染物实行定额收缴。

三、改革政绩考核评估体系

把资源消耗、环境损失和环境效益纳入经济发展水平的评价体系和考核指标，发挥政绩考核的“指挥棒”作用。把资源消耗、环境损失和环境效益纳入经济发展水平评价体系就会有不同的经济发展模式，在客观上对生态文明建设产生影响。因此，解决发展理念和指导思想问题,关键在于改革、完善经济核算方法和政绩评估体系。浙江积极探索以“绿色GDP”为主要内容的新核算评价体系,加大资源消耗、环境保护等指标权重,纠正了单纯以经济增长速度评定政绩的偏向。建立了领导干部自然资源资产离任审计制度,强化对市县领导班子和领导干部任期内资源消耗、环境保护等约束性指标的考核。对领导干部的“问责”与“激励”并重,一方面对于破坏生态的发展要严厉问责,另一方面逐渐形成干好环保工作有面子、受重视、有前途的用人新风气,真正让生态环境保护成为政绩考核的“指挥棒”。此外,浙江对不同地区采取了分类评价体系,对于生态屏障地区不再考核GDP,如2015年开始就不再考核淳安县、永嘉县、文成县等26个相对欠发达县的GDP总量,转而着力考核其生态保护、居民增收等指标。

第三节 生态文化建设的浙江实践

习近平总书记指出“山水林田湖是一个生命共同体,人的命脉在田,田的命脉在水,水的命脉在山,山的命脉在土,土的命脉在树”①,道出了生态文化关于人与自然生态、生命生存关系的思想精髓。坚持把培育生态文化作为重要支撑,就要将生态文化核心理念融入生态文明法治建设。弘扬生态文化,大力推进生态文明建设,既是和谐人与自然关系的历史过程,也是实现人的全面发展和中华民族永续发展的重大使命。面对我国的资源紧缺、环境污染、生态破坏等问题,生态文化建设的迫切性日益凸显,必须大力培育

① 习近平.关于《中共中央关于全面深化改革若干重大问题的决定》的说明[J].理论学习,2013(12):28.

社会主义生态文化，推进生态文明建设。

2015年，根据《中共中央 国务院关于加快推进生态文明建设的意见》(中发〔2015〕12号)、《中共中央 国务院关于印发〈生态文明体制改革总体方案〉的通知》(中发〔2015〕25号)和《中共中央关于制定国民经济和社会发展第十三个五年规划的建议》，国家坚持把培育生态文化作为重要支撑，大力推进生态文明建设，特制定《中国生态文化发展纲要(2016—2020年)》。该发展纲要提出建立生态文明评价体系、将生态文化融入全民宣传教育、将生态文化理念融入法治建设、将绿色发展理念融入科技研发应用、加强生态文化传承与创新发展、推进生态文化产业发展六大重点任务；着力打造生态文化城镇，深化"全国生态文化村"创建活动，加强生态文化现代媒体传播体系和平台建设，拓展生态文化创建传播体验活动，弘扬林业时代精神，延展"一带一路"生态文化合作交流六个重大行动。

优化生态环境，不只是政府一方的责任，更需要全社会各主体的共同参与，因此需要充分激发企业、中介组织、社会团体和社会公众参与生态文明建设的积极性、主动性和创新性，健全公众参与生态文明建设的机制与渠道，通过体制创新广泛动员社会力量参与生态文明建设，使生态文明建设成为全社会的自觉行动。[①]

一、树立生态价值观

为了增强城乡居民的生态意识、环保意识，提高群众参与生态治理、环境保护的积极性，浙江省于2010年创设了全国首个省级层面的生态日，将每年的6月30日定为浙江生态日。"生态日"作

---

① 王祖强，刘磊. 生态文明建设的机制和路径——浙江践行"两山"重要思想的启示[J]. 毛泽东邓小平理论研究，2016(9)：43.

为生态文明建设的创新载体,对相关地方加强生态文明宣传教育、提高全民生态文明意识、形成生态文明新风尚发挥了重要的推动作用。每年6月30日,浙江推出不同的活动主题,调动全省群众积极参与,为打造"富饶秀美、和谐安康"的生态浙江而努力。浙江帮助城乡居民和企事业单位树立生态价值观念,弘扬人与自然和谐相处的价值观、政绩观、消费观,增强人们的生态意识、忧患意识、参与意识和责任意识,树立破坏生态环境就是破坏生产力、保护生态环境就是保护生产力、改善生态环境就是发展生产力的观念,形成尊重自然、热爱自然、善待自然的良好氛围,使每个公民都自觉地投身于生态建设,形成全社会参与生态建设的新局面。

补充阅读

浙江省省级生态日十年回顾

2010年9月30日,浙江省第十一届人民代表大会常务委员会第二十次会议决定,每年6月30日为浙江生态日,这是国内首个省级生态日。

2011年4月7日,浙江省委办公厅、省政府办公厅印发《"811"生态文明建设推进行动方案》。

2012年5月10日,浙江省生态办制定"811"生态文明建设推进行动六大推进机制。

2012年6月17日,浙江省第十三次党代会提出坚持生态立省方略,加快建设生态浙江。

2012年6月30日,《浙江生态日》纪念雕塑在杭州西溪国家湿地公园落成。

2013年12月23日,浙江省委常委会会议专题研究"五水共治”，要求从2014年起全面开展治污水、防洪水、排涝水、保供水、抓节水等“五水共治”。

2015年2月27日，浙江正式给26个欠发达县“摘帽”，不再考核GDP总量。

2016年1月，浙江作出了“决不把脏乱差、污泥浊水、违章建筑带入全面小康”的庄严承诺。

2016年7月，浙江开启新一轮“811”专项行动，引入“建设美丽浙江，创造美好生活”的“两美”理念，首次提出“绿色经济”“生态文化”“制度创新”等新理念。

2016年9月，浙江吹响小城镇环境综合整治行动号角。

2017年，浙江全面打响劣Ⅴ类水剿灭战，要求到2017年底全面剿灭劣Ⅴ类水，比原定时间提前3年、更高水平地实现水环境改善目标。

2018年，浙江全面打响“蓝天保卫战”，完成重点行业废气清洁排放改造项目100个、工业废气治理项目1075个，整治涉气“散乱污”企业5500家。

2019年，世界环境日全球主场活动在杭州举行，杭州向全社会发起“绿动全城源头减塑”倡议。

2020年，在第十个“浙江生态日”暨第五届浙江省生态音乐节启动仪式上，18位个人、2个集体被授予2020年浙江省“最美环保人”荣誉称号。

主要资料来源：江帆. 全国首个省级生态日诞生第七年，回眸浙江生态建设之路[EB/OL]. (2017-06-30)[2022-10-20]. https://zj.zjol.com.cn/news/685779.html.

二、实施生态文化教育

生态文化主张自然生态系统是人类生命的支撑，是主张人与自然和谐共生、协同发展的文化,亦是生态文明主流价值观的核心理念和生态文明建设的重要支撑。它以和谐的理念来规范和约束人类的社会活动。生态文化具有先导作用,是建设生态文明的精神动力。生态科学知识的普及是树立生态文化观念的基础。不仅要大力普及环境化学等自然科学知识,而且要大力普及生态哲学、生态经济等人文社会科学知识。要努力掌握生态这门大学问,学习和掌握这一人们认识自然、改造环境的世界观和方法论。生态文化教育是现代教育的重要组成部分,既要加强各级各类学校的生态文化教育,将它纳入教学计划之中,使之成为所有学生的必修课,又要加强各级各类社会组织的生态文化教育,将它纳入工作计划之中,使之成为社会组织的"规定动作"。广播、电视、网络、报刊、板报等媒体是生态文化教育的重要载体,要自觉承担起生态文化教育的社会责任。家庭是社会的"细胞",要自觉承担起生态文化教育的家庭责任,真正做到生态文化教育从娃娃抓起。浙江在生态文化教育方面的实践可概括为三个方面。

一是全方位、多领域,系统化、常态化地推进生态文化宣传教育。依托各类自然保护区和森林、湿地、沙漠、海洋、地质公园、动物园、植物园及风景名胜区等,因地制宜建设面向公众开放,各具特色、内容丰富、形式多样的生态文化普及宣教场馆;着力打造统一规范的国家生态文明试验示范区,发挥良好的示范和辐射带动作用,通过生态文化村、生态文化示范社区、生态文化示范企业等创建活动和生态文化体验等主题活动,提高社会成员互动传播的公信度和参与度,共建共享生态文明体制改革成果。2003—2018年,浙江省共创建省级绿色学校 1663 所、省级绿色社区 880 个、省级生态文明教育基地 162 家、绿色家庭 2228 户等。此外,浙江省还成功创建一大批省级绿色企业、绿色饭店、绿色医院、绿色矿山、绿色家庭，有效动员全社会的共同参与。

二是高度重视大中小学生等群体的生态文化教育。将生态文化教育纳入国民教育体系，文教主管部门组织编制规范化的生态文化教科书，将生态文化教育课程纳入教学大纲。重视青少年生态文化教育，从学校教育抓起，着力推动生态文化进课程教材、进学校课堂、进学生头脑，全面提升青少年生态文化意识，启迪心智、传播知识、陶冶情操，在格物致知中培育中华生态文化的传承人。倡导垃圾分类是生态文化教育的重要内容。在垃圾分类方面，实施文明风尚专项行动，大力开展垃圾分类进机关、进学校、进社区、进家庭、进企业、进商场（市场）、进宾馆（酒店）、进窗口的“八进”活动，发动社区工作者、楼道长、指导员、督导员主动上门入户宣传，发放《垃圾分类指导手册》和厨房垃圾袋。2018 年，浙江省教育厅、浙江省住房和城乡建设厅联合印发《关于全面推进各级各类学校开展生活垃圾分类管理工作的指导意见》，要求全省各级各类学校通过多种形式全面开展生活垃圾分类知识普及教育工作。由浙江团省委牵头，省文明办、省建设厅等单位联合制定“小手拉大手、垃圾分类齐参与”活动方案，进一步深化志愿服务活动。开展《有请发言人》“向垃圾宣战，提升人居环境”专题节目录播，有效形成良好社会舆论氛围和强大声势。将九峰垃圾焚烧发电项目打造为生态文明教育基地，让更多人了解垃圾焚烧发电、理解生态文明建设。

三是改革创新、协同发展生态文化传播体系。综合运用部门宣传和社会宣传两种资源、两种力量以及中央媒体和地方媒体两个平台，形成优势互补、协同推进的新闻宣传格局。依托高新技术,大力推动传统出版与数字出版的融合发展,加速推动多种传播载体的整合,努力构建和发展现代传播体系。充分发挥生态、环境保护、国土资源、住房和城乡建设、教育、文化、社科等各类行业报刊、互联网的作用,巩固生态文明宣传权威媒体主阵地,拓展新闻视野,综合运用多种新闻宣传手段和形式,加大新闻报道力度,增强新闻宣传的吸引力和感召力;完善新闻发布机制,加强舆论监督引导,把握新闻发布主题和时机,增强新闻发布的时效性、针对性和影响力;着力提高生态文化建设新闻、图书出版水平,编辑发行深入浅出、通俗易懂、图文并茂的生态文化科普宣教系列读物,增强社会传播的吸引力和感召力。构建统筹协调、功能互补、覆盖全面、富有效率的生态文化传播体系。密切关注网络社情民意,占领网络传播主阵地,是打好生态环境舆论主动仗的关键一环。早在2013年,浙江省环保厅就开通了“浙江环保”官方微博,走在了全国前列。2014年,“浙江环保”官方微信公众号也正式开通,并要求市、县环保部门全部开通官方“双微”,积极学会网络发声,抢占网络传播主阵地。2015年,浙江省、市、县环保部门均在新浪或腾讯平台开通官方微博,官方微信公众号也做到了全覆盖。2018年5月,浙江省环保厅下发了《关于进一步加强全省环保系统新媒体平台建设的通知》,推动各地生态环境部门把新媒体宣传作为党组(党委)的重要工作,形成全省环保系统联动发声、同频共振的良好局面。

三、总结生态文明典型

各地在生态文明建设中涌现出大量的先进典型,及时将这些先进典型加以总结、提升和推广,使之发挥示范作用,是生态文明建设的重要方面。2012年,浙江全面启动历史文化村落保护利用工作，整体推进古建筑与村庄生态环境的综合保护、优秀传统文化的发掘传承、村落人居环境的科学整治和乡村休闲的有序发展，教育广大农民珍惜先人遗产、弘扬传统优秀文化、推进村风村容建设，确保以“乡愁”的记忆凝聚流动的人群，确保将文化遗产传承给子孙后代。[①]

连续举办两年的浙江省中小学生自然笔记大赛，连续举办三届的浙江生态音乐节，省环保厅与传化艺术团每年联合举办的上百场生态文明、“五水共治”巡回演出，省环保厅及宁波、湖州等地举办的“最美环保人”“十佳环保志愿者”“十佳环保绿色家庭”“十佳企业环保管理员”颁奖典礼……丰富多彩的各类环保活动吸引了越来越多的社会公众参与。浙江省环保联合会、阿里巴巴基金会、全国自然教育课堂、中国水源地保护慈善信托首个落地项目、屡次走上联合国会场的“绿色浙江”环保组织……更多民间环保组织力量为浙江生态环境保护助力，共谋共商、共建共享美丽浙江。

从 2011 年起，浙江省林业厅和省生态文化协会已连续 12 年共同组织“浙江省生态文化基地”遴选命名活动。活动每年评选一次，由各市林业局初评推荐，专家分组进行答辩评审、实地抽查确定。2019 年，全省生态文化基地已增至 300 个。这些生态文化基地类型不同、性质不一，均继承和发扬具有民族及区域特色的生态文化传统，大力传播生态文化知识，为全社会重视生态文化、推进生态文明和“美丽浙江”建设起到了很好的示范作用。这些生态文化基地中，第一类行政村占的比例最大，村里不仅林木覆盖率高、村容整洁、环境优美，且通过设立古树名木、文物古迹、生态景观保护的乡规民约，将民间传统文化与现代文化有机地融合起来。第

① 夏宝龙. 美丽乡村建设的浙江实践[J]. 求是，2014(5)：6-8.

二类是林场和景区,那里森林资源丰富,并以生态保护和生态文化宣传为己任,开展一系列有内容、有特色、有影响、有成效的活动,对促进周边地区经济社会可持续发展产生了较好的带动作用和示范辐射作用。第三类是企业,它们以发展原生态山水自助游、生态农业耕种采摘观光和森林休闲康养为主线,在取得经济效益的同时,推进生态文化与企业文化的融合,强化生态意识、培育文明理念,成为绿色低碳、循环发展的主要践行者。第四类是倡导青少年树立生态文明观的教育实践基地,它们以开展生态科普、劳动实践、自然教育、森林拓展等活动为主要内容,全面提升青少年森林生态文化意识,启迪心智、传播知识、陶冶情操,培育中华生态文化的传承人。

案例 5-1

生态文明法治建设的“湖州首创”

作为“绿水青山就是金山银山”理念诞生地、中国美丽乡村发源地、“生态+”绿色发展先行地和全国首个地市级生态文明先行示范区,湖州已实现了生态环保领域国家级荣誉的“大满贯”。诸多骄人成就的取得,离不开法治的引领、推动和保障。在全省乃至全国,湖州法治在生态文明建设中至少贡献了这些“首创性”成果。

(一)全国首部规范生态文明先行示范区建设的地方性法规

湖州从立法、标准、体制“三位一体”入手,以立法规范引领生态文明建设。2016 年 4 月制定《湖州市生态文明先行示范区建设条例》,这是全国首部生态文明先行示范区建设地方性法规。目前,湖州已经形成了以《条例》为基本法,包括《湖州市市容和环境卫生管理条例》《湖州市禁止销售燃放烟花爆竹规定》《湖州市美丽乡村建设条例》等生态文明领域专项法规在内的具有湖州特色的生态文明建设“1＋N”地方性法规体系。

（二）全国首个自然资源资产保护与利用考核办法

2017年2月，湖州专门制定《湖州市自然资源资产保护与利用绩效考核评价暂行办法》，从自然资源资产保护、自然资源资产利用、生态环境改善三个方面对县区进行比较评价。这是全国首个针对自然资源资产保护与利用的考核办法，解决了负债表如何运用的问题。

（三）全国首个生态文明示范区建设标准

近年来，湖州在生态建设、绿色发展等方面的标准化工作持续走在全国前列，填补了多个领域标准空白。2018年7月，由湖州市质量技术监督局、市标准化研究院、中国标准化研究院和省标准化研究院共同起草的《生态文明示范区建设指南》地方标准正式发布，这是全国首个生态文明示范区建设标准。这些标准既固化了生态文明建设试点经验和成果，又有力促进了“湖州经验”在全国范围的推广运用。

（四）全国首个生态环境保护一体化平台

2019年8月14日，由湖州市中级人民法院、检察院、公安局、生态环境局等单位共同打造的“生态环境司法保护一体化平台”上线仪式在湖州正式启动。该平台将生态环境综合治理从前端的线索发现到后期的修复实现、从部门协同到第三方资源整合、从行政职能行使到司法赋能，实现全流程再造，从而打造生态环境保护共建、共治、共享的治理新格局。

（五）环境司法四个全省“首家”

一是2016年5月，湖州市两级法院均获批设立环境资源审判庭，湖州成为全省首个实现环境资源审判机构全覆盖地区；二是

2017年3月,安吉县人民法院与湖州市政府法制办联合设立全国首家“行政争议调解中心”,中心的设立实现了行政调解与“大立案、大服务、大调解”三大机制的无缝对接;三是2017年11月,湖州市中级人民法院作为全省唯一一家法院被确定为最高人民法院环境资源司法实践基地;四是2017年12月,全省首家设区市“行政争议调解中心”在湖州市中级人民法院挂牌成立。这些司法实践探索建立了环境资源纠纷多元化解决机制、环境执法与司法协调联动机制。

案例来源:铉玉秋.生态文明法治建设的“湖州首创”[EB/OL].(2019-09-09)[2022-10-20]. https://mp.weixin.qq.com/s?__biz=MzAwNjUxNTU5Mw==&mid=2648460018&idx=1&sn=1e06a21060aba3a160c0b66b600f0122&chksm.

案例简析 〉〉〉

作为中国首个地市级生态文明先行示范区,湖州不仅在生态文明保护上树立了典范,还形成了一套可供复制推广的制度性经验。目前,湖州已经初步形成了立法、标准、体制“三位一体”的生态文明制度体系,以法治为抓手、制度为保障为生态文明建设和绿色发展保驾护航,为全省乃至全国贡献生态文明法治建设的湖州方案。

案例 5-2

桐乡“四治融合”开辟生态治理新模式

桐乡市坚持将法治作为基层治理的实践方向,坚持自治、法治、德治、智治“四治融合”,不断深化和丰富法治建设实践。2013年,桐乡在全国率先开展了自治、法治、德治融合的基层社会治理探索实践。经过多年实践,三治融合“桐乡经验”已成为浙江省基层社会治理的重要品牌,并被中央政法委定位为新时代“枫桥经验”的精髓、新时代基层社会治理创新的发展方向。

一是注重自治、凝聚合力。建立“一约两会三团”治理载体，建成“民情访谈室”“邻里汇”“桂花树下”等一批协商阵地，促进民事民议、民事民办、民事民管。提出“法治桐乡从家开始”理念，全域化开展“法律明白人”“学法用法模范户”评选，推出“e法贷”金融惠民产品，将“法律信用”转化为“有形之得”，带动尊法、学法、守法、用法成为常态。截至2020年，已发放“e法贷”近2亿元。

二是注重法治、创新治理。坚持创新和发展新时代“枫桥经验”，打造一站式矛盾纠纷化解平台，市、镇两级矛盾调解中心全部建成并实体运作，培育了“板凳法庭”“法治小院”等特色品牌，推出法官和人民调解员“双向派驻”机制，持续推进“诉源、警源、访源”三源共治。2020年，桐乡市诉前化解率80.68%，位居全省第一；县域“万人成讼率”嘉兴最低。2021年，桐乡市人民调解组织诉前引调案件900余件。

三是注重德治、激励引导。全面实行三治积分制管理，因地制宜将积分与金融惠民、企业诚信、先进评比挂钩，引导更多群众主动参与到“四个桐乡”建设中来，把“身边事”变成“自己事”。桐乡市共有497家三治积分超市投入使用，其中线下超市299家。同时注重精神层面的运用，通过设立“红黑榜”，大力评选“桐乡好人”、推广“日行一善”、开展“做文明有礼桐乡人”系列活动，带动“我自爱桐乡，人人爱桐乡”的良好氛围愈发浓厚。

四是注重智治、深化改革。深入推进数字法治建设，拓展“法治联盟链”应用场景，实现多部门业务协同、数据共享。深入推进“大综合、一体化”执法体制改革，扎实推进“互联网＋执法监督”。推进政法一体化单轨制协同办案，逮捕、起诉、审判、入矫执行、减刑假释和立案监督等17项业务协同比率均在85%以上,其中数字卷宗单轨制移送案件比率达到99.8%。迭代升级"桐解码"应用、推出在线互动式普法应用,努力实现更多公共法律服务"掌上办""指尖办"。

案例来源:桐乡市坚持"四治融合"全力谱写基层法治实践新篇[EB/OL].(2021-04-27)[2022-10-25]. http://sfj.jiaxing.gov.cn/art/2021/4/27/art_1678188_58920345.html.

案例简析 〉〉〉

桐乡"四治融合"治理主体从单一向多元转变,有效推动了政府、社会组织、公民在社会治理中作用的发挥。政府在其中进一步完善社会综合治理工作体系,社会组织充分发挥社会面广、专业性强的优势,群众有序参与基层事务的决策、管理和监督。多个主体综合运用,协同发力,充分释放出乘数效应,达到最理想的治理效果。"四治融合",抓好体制机制建设是关键,激发基层自治活力是核心,形成文化氛围是长远目标。在推进过程中,要不断完善制度体系,保证各项工作的常态、长效推进;推进社会治理重心下移,撬动基层治理的核心,唤醒群众自治意识;久久为功,把外化于行的机制内植于心,形成具有地方特色的文化内核。

案例 5-3

浙江省出台生态环境保护工作责任规定

如何让绿水青山的美丽持续下去?自然需要生态环境保护工作的不断加强、生态文明建设的持续推进。浙江省委办公厅、省政府办公厅下发了《浙江省生态环境保护工作责任规定》(以下简称《规定》),通过18条规定和责任"清单",助推实行最严格的生态环境保护制度,强化绿色发展导向,持续推进生态文明建设。

生态环境保护工作要推进，党委、政府带头是关键。《规定》明确，生态环境保护工作坚持党政同责和一岗双责。党委、政府对本行政区域生态环境保护工作及环境质量负总责。党委、政府主要负责同志是生态环境保护工作的第一责任人，负主要领导责任；其他有关负责同志在职责范围内承担相应责任。

县级以上党委要做什么？要将生态文明建设摆在突出位置，切实促进环境质量改善、保障生态安全；要领导和督促政府及其职能部门、法院和检察院履行工作职责，落实生态环境保护工作措施；要加强生态环境部门领导班子和队伍建设，建立健全生态环境保护议事协调机制，定期研究解决本地区和跨区域生态环境保护重大问题；要完善生态环境保护工作考核评价机制，加大生态环境保护工作责任追究力度。

县级以上政府要做什么？要加快推进生态文明建设，加大生态环境保护投入，采取措施改善生态环境质量，配置与生态环境保护相适应的监管能力，建立健全跨行政区域的协调机制，实施生态环境保护奖惩制度，加强生态环境应急管理、监督管理和生态环境保护宣传教育。

此外，《规定》还把职责一直延伸到各乡镇（街道）党委、政府，明确规定镇街要承担属地管理职责，要负责组织落实网格化环境监管体系确定的环境监管，要督促指导辖区内企事业单位和其他生产经营者落实环境保护措施，发现生态环境违法行为应及时向上级政府和有关部门报告，并配合查处。《规定》可谓打通了生态环保履职的“最后一公里”，使得生态环境保护工作得以实现“纵向到底”。

案例来源：中共浙江省委办公厅，浙江省人民政府办公厅．关于印发《浙江省生态环境保护工作责任规定》的通知[EB/OL]．(2020-06-18)[2022-10-25]．http://sthjt.zj.gov.cn/art/2020/6/18/art_1229133856_47541104.html.

案例简析 》》

政府绩效考核功能不仅在于发挥导向和激励作用,而且也是奖惩的重要依据。就保障地方政府生态文明建设的执行力而言,完善奖惩制度特别是领导干部生态责任追究制度是其中的重要举措。完善领导干部生态责任追究制度,其根本目的就是约束和激励地方政府行为,改变政府生态管理的方式,从而促进生态环境改善,保证生态平衡与协调发展。生态责任追究制度可以确保地方政府履行基本的生态文明建设责任,守住生态保护的底线和高压线,促使地方生态和环境进一步改善,从而实现可持续发展。

案例 5-4

德清县设全国首个生态消费教育馆

早在 2010 年 11 月 30 日,德清县第十四届人大常委会第三十一次会议就作出决议,确定 3 月 15 日为德清县"生态消费日"。通过人大决议方式确定 3 月 15 日为德清"生态消费日",赋予了"3·15"国际消费者权益日以特殊的意义。自从县人大常委会确定了全国首个"生态消费日"以来,德清县又相继创设了生态消费政府宣言、低碳消费与服务联盟、预付式消费诚信联盟、国民生态消费教育中心和生态消费教育实践基地 5 个"全国首创"。

从 2012 年开始,德清县教育部门开始探索开设生态消费教育课程,包括生态消费、再生纸制作、农耕实践、花卉种植等活动课程。生态消费教育馆就是综合开展生态消费教育的实践基地。

生态消费教育馆内放置有《中小学生生态消费教育指导教材》《生态消费教育手册》等教材,每本教学用的课本都是循环课本,80%以上的课程工具都可以循环使用,如木工制作课的废木料作为变废为宝创意模型的材料，布艺手工课的废布料作为香袋制作的填充材料。馆内还设有历年来生态消费教育活动剪影、低碳产品展示等，以教育中小学生减少使用一次性餐具等物品、控制空调温度、两面用A4纸、买简易包装产品等，以实现全民生态消费的目的。生态消费教育馆的实践活动让学生们明白了节约用纸应该从我做起、从身边做起、从小事做起，节约纸张、储蓄绿色，为社会贡献一份力量。

案例来源：浙江德清设全国首个生态消费教育馆[EB/OL]. (2015-01-09)[2022-10-25]. https://www.chinanews.com.cn/df/2015/01-09/6954476.shtml.

案例简析 >>>

习近平总书记在党的十九大报告中全面阐述了加快生态文明体制改革、推进生态发展、建设美丽中国的战略部署。党的十九大报告明确指出，“我们要建设的现代化是人与自然和谐共生的现代化，既要创造更多物质财富和精神财富以满足人民日益增长的美好生活需要，也要提供更多优质生态产品以满足人民日益增长的优美生态环境需要”，这成为我国未来推进生态社会发展以及生态文明建设的指路明灯，其中首先提出，“推进绿色发展。加快建立绿色生产和消费的法律制度和政策导向，建立健全绿色低碳循环发展的经济体系。构建市场导向的绿色技术创新体系，发展绿色金融，壮大节能环保产业、清洁生产产业、清洁能源产业。推进能源生产和消费革命，构建清洁低碳、安全高效的能源体系。推进资源全面节约和循环利用，实施国家节水行动，降低能耗、物耗，实现生产系统和生活系统循环链接。倡导简约适度、绿色低碳的生活方式,反对奢侈浪费和不合理消费”[①]。湖州德清的“生态消费日”以及生态消费教育馆等做法,在不同层面上抓好生态消费教育,提高老百姓生态消费意识,营造科学生态消费环境,对于宣传生态消费理念、推广生态消费教育、促进生态文明建设大有裨益,值得全省乃至全国借鉴。

本章小结

现代化的生态治理体系是实现生态环境保护、提升生态环境质量以及深化绿色发展理念的制度基础。浙江立足现实需求,积极作为,从法治、制度、文化、教育等层面构建现代生态治理体系,为生态文明建设和绿色发展保驾护航,在建设过程中涌现出了一大批可复制可推广的经验模式。在法治层面上,将法治思维融入生态文明建设,通过实行最严格的环境准入制度,创新执法体制保障生态文明建设以及营造生态文明建设良好氛围等,助推浙江生态文明建设走上依法治理道路。在制度层面上,浙江通过强化公共政策引导功能,大力建设公共服务体系以及改革政绩考核评估体系等措施发挥出政府的核心职能,以此强化政府在生态文明建设中的主导作用。在生态文化层面上,积极发挥多元主体的积极性、主动性和创新性,树立生态价值观,分层次、多群体、全方位推进生态文化教育,形成全社会成员共同参与的良好生态文化氛围。

思考题

1. 生态治理体系主要包括哪些内容?

2. 如何通过生态治理促进绿色发展?请举例说明。

---

① 习近平.全面建成小康社会,争取新时代中国特色社会主义伟大胜利——在中国共产党第十九次全国代表大会上的报告[M].北京:人民出版社,2017:50-52.

拓展阅读

1. 中共中央宣传部理论局. 中国制度面对面[M]. 北京：学习出版社，2020.

2. 中共中央党史和文献研究院. 十八大以来重要文献选编[M]. 北京：中央文献出版社，2018.

3. 蔡守秋. 生态文明建设的法律和制度[M]. 北京：中国法制出版社，2016.

4. 杜群. 生态文明法治建设与制度创新[M]. 北京：中国社会科学出版社，2021.

5. 向俊杰. 我国生态文明建设的协同治理体系研究[M]. 北京：中国社会科学出版社，2016.

走向生态文明新时代，建设美丽中国，是实现中华民族伟大复兴的中国梦的重要内容。中国将按照尊重自然、顺应自然、保护自然的理念，贯彻节约资源和保护环境的基本国策，更加自觉地推动绿色发展、循环发展、低碳发展，把生态文明建设融入经济建设、政治建设、文化建设、社会建设各方面和全过程，形成节约资源、保护环境的空间格局、产业结构、生产方式、生活方式，为子孙后代留下天蓝、地绿、水清的生产生活环境。

——摘自《为子孙后代留下天蓝、地绿、水清的生产生活环境》[①]

第六章　生态优先、绿色发展建设美丽中国

本章要点

1. 从打造绿色浙江、生态浙江，到美丽浙江建设，浙江生态文明建设不断迈上新台阶，成功创建全国首个生态省，为建设美丽中国提供了鲜活的浙江经验和浙江样板。

2. 建设美丽中国必须坚持走生态优先、绿色发展之路，深入践行“绿水青山就是金山银山”理念，以“共创、共享、共富”思想为引领，坚持生态产业化和产业生态化协同发展战略，加快完善生态文明制度体系，重拳重典整治生态环境，动员全社会力量积极参与到美丽中国建设中来。

① 习近平. 为子孙后代留下天蓝、地绿、水清的生产生活环境[M]//习近平. 习近平谈治国理政. 第一卷. 北京：外文出版社，2018：211-212.

十多年来，浙江广大干部群众践行"绿水青山就是金山银山"理念，建设美丽浙江，推进生态文明建设迈上新台阶。从"八八战略""千村示范、万村整治""绿水青山就是金山银山"，到美丽乡村、美丽城镇、美丽浙江、美好生活，浙江通过持续改善人居环境，全力打造"诗画浙江、美好家园"。一个山川秀丽、景美人和的全域大花园，一个先行的省域实践，正成为美丽中国的精彩注脚，正成为映射未来中国样貌的鲜活样板。实践充分证明，新时代美丽中国建设迈出重大步伐，我国生态环境保护发生历史性、转折性、全局性变化，根本在于以习近平同志为核心的党中央坚强领导，在于习近平生态文明思想的科学指引，"把建设美丽中国转化为全体人民自觉行动"①。

第一节　生态优先、绿色发展建设美丽浙江的基本经验

从浙江生态省建设到美丽浙江建设，凸显了浙江坚持生态优先、绿色发展的不断深化，也与习近平同志在浙江工作期间对美丽浙江建设的不断实践以及历届浙江省委、省政府一任接着一任干的接力奋斗高度契合。以生态优先、绿色发展建设美丽浙江为建设美丽中国提供了鲜活的经验和丰富的素材。

一、坚持以生态省建设和美丽浙江建设为战略引领

放眼全球，发达国家用短则三五十年、长则上百年时间实现了工业化基础上生态环境质量的好转，而浙江通过持之以恒的生态

① 习近平.习近平谈治国理政.第四卷[M].北京：外文出版社，2022：366.

文明建设,仅用十多年时间就实现了生态环境质量的总体好转。其中,最重要的成功之道在于浙江省委、省政府在“绿水青山就是金山银山”理念的指引下,坚持“八八战略”和一张蓝图绘到底,以生态优先、绿色发展的生态省建设为总牵引,接续“绿色浙江”“生态浙江”“美丽浙江”,一任接着一任干。开展“五水共治”、“811”环境整治、“三改一拆”、“四换三名”、“四边三化”等行动。实施创新驱动、市场主体提升、小微企业三年成长计划、“七大产业培育”、特色小镇为主要内容的转型升级组合拳,一年接着一年抓。同时以“千村示范、万村整治”的“千万工程”为主线,不断拓展村庄环境整治和美丽乡村建设的内涵与外延。此外,浙江省委、省政府坚持问题导向,既抓战略,又抓战术,既倒逼而“破”,又顺势而“立”,对准制约经济社会发展的“顽疾”要害,美丽浙江的画卷缓缓绘出。

为了把可持续发展这一基本国策落实到浙江 21 世纪经济社会发展之中,2002 年 6 月,浙江省第十一次党代会提出了建设“绿色浙江”的目标任务。党的十六大以后,浙江省委十一届二次全会进一步明确,要以建设生态省为重要载体和突破口,加快建设“绿色浙江”,努力实现人口、资源、环境协调发展。为大力推进生态省建设,习近平同志亲自担任浙江生态省建设工作领导小组组长,就创建生态省作出了一系列部署。在习近平同志的推动下,浙江充分发挥自身生态优势,以生态优先、绿色发展生态省建设为主突破口,以五大体系建设为主要内容,掀起了一场全方位、系统性的绿色变革和美丽浙江建设。

十几年来,虽然形势在发展、人事在更替,但是浙江省委、省政府把生态文明建设和美丽浙江建设放在突出位置始终没有变,抓这项工作的力度始终没有变,不断把生态省建设和美丽浙江建设推向新的高度，把浙江的“金山银山”做得更大，把浙江的“绿水青山”保护得更好。当前，浙江全省经济发展与生态质量互动更加优良，绿色发展理念更加深入人心，省域山水林田湖草的“生命共同体”基本形成。浙江人民在生态环境保护中获得了绿色福利，从生态经济发展中赢得了绿色效益，从生态文化繁荣中提升了绿色品质。2018 年，浙江在全省生态环境保护大会暨中央环保督察整改工作推进会上进一步提出，力争到 2035 年，美丽浙江全面建成，生态环境面貌根本改观，人民对优美生态的需要得到有效满足。这是一个宏伟的远景目标，比全国全面建成美丽中国整整提前 15 年。2018 年，浙江制定了生态文明示范创建五年行动计划，打好治水、治气、治土、清废的污染防治攻坚战，努力当好美丽中国建设的排头兵。有理由相信，凭借着“一张蓝图绘到底”的走在前列要谋新篇的战略创新、“一任接着一任干”的干在实处永无止境的务实精神，浙江必将拿出非凡的勇气和智慧实现这一美好蓝图。

二、坚持以体制创新和科技创新为“两翼”

浙江生态优先、绿色发展的生态文明建设和美丽浙江建设的基本经验，除了政府高度重视和强化投入外，就是依靠体制与机制的不断创新。一直以来，浙江省始终坚信科技与制度创新是破解资源环境约束的根本之计。在推进生态省建设过程中，习近平同志始终要求必须发挥好科技和制度创新的驱动力量。2003 年 7 月 11 日，习近平同志在浙江省生态省建设动员大会上强调指出，生态省建设要“以体制创新、科技创新和管理创新为动力”[①]。2006 年 1 月 10 日，在全国科学技术大会小组会议上，习近平同志指出“完善

① 习近平. 全面启动生态省建设　努力打造“绿色浙江”——在浙江生态省建设动员大会上的讲话[J]. 环境污染与防治，2003(4)：194.

创新体制机制,培养引进创新人才,优化创新发展环境,加快创新型省份建设,让自主创新成为解决资源环境要素制约的根本途径"①。

科技创新是浙江生态文明建设的第一只"驱动轮"。加强科技进步和自主创新,是转变增长方式、破解资源环境约束、推动经济社会又好又快发展的根本大计。在浙江生态省建设进程中,科技创新被摆在了重要的位置,2003 年 8 月,《浙江生态省建设规划纲要》就对加强生态省建设的科技教育支撑提出了明确要求,对加强科技创新作出了具体部署。习近平同志也一直十分重视依靠科技创新促进资源节约和环境保护,2006 年 1 月 15 日在浙江省人口资源环境工作座谈会上,习近平同志指出:"科技创新是建设节约型社会的关键。要加大对资源节约和循环利用关键技术的攻关力度,组织开发和示范有重大推广意义的资源节约和替代技术,努力突破技术瓶颈,大力推广应用节约资源的新技术、新工艺、新设备和新材料,构建节约资源的技术支撑体系。"②鼓励大力发展能源资源开发利用技术、节能减排和循环利用关键技术等。2006 年 3 月 20 日,习近平同志在浙江自主创新大会上再次强调,"加强科技进步和自主创新,是破解资源环境约束,转变增长方式,促进产业结构调整的根本之计和首要推动力量"③。之后,无论是新昌县的传统制药产业转向绿色制药产业,还是长兴县的铅酸蓄电池产业转

---

① 习近平.干在实处 走在前列——推进浙江新发展的思考与实践[M].北京:中共中央党校出版社,2006:133.

② 习近平.干在实处 走在前列——推进浙江新发展的思考与实践[M].北京:中共中央党校出版社,2006:191.

③ 习近平.干在实处 走在前列——推进浙江新发展的思考与实践[M].北京:中共中央党校出版社,2006:131-132.

向锂电池产业，或者是东阳市的污染型产业转向高新技术产业，关键都是依靠绿色科技的支撑。浙江实践经验证明，发展生态科技是加速生态文明建设的核心驱动力，只有提升绿色创新能力，掌握核心技术和关键技术，才能破解资源和环境的瓶颈制约，实现可持续发展。

制度创新是浙江生态文明建设的第二只“驱动轮”。创新体制机制是积极探索生态文明建设新模式的关键环节，推进生态文明建设和美丽浙江建设必须依靠体制和机制的保障。为激励人们走绿色发展、循环发展和低碳发展之路，浙江充分发挥市场机制在资源配置中的作用，并更好地发挥政府作用。大力推动由政府为主配置资源环境转向由市场为主配置资源环境，十多年来林权制度、水权制度、地权制度、排污权制度、碳权制度等产权制度发挥出日益重要的作用，生态补偿、循环补助、低碳补贴等绿色财税制度的运用范围更加广泛。大力推动由自下而上的改革转向自上而下的改革。浙江是全国最早实施生态补偿的省份、最早实施排污权有偿使用的省份、最早开展水权交易的省份。大力推动由单一制度的创新转向制度体系的构建，形成了别无选择的强制性制度、权衡利弊的选择性制度、道德教化的引导性制度相结合的制度结构。大力推动由重视制度建设转向制度建设和实施机制建设并举，“不以一把尺子丈量不同的区域”，实施差异化考核制度，浙江为全国政绩考核制度的改革与创新提供了经验。近 16 年来，浙江省级层面对生态文明制度建设的顶层设计已经取得了阶段性成效。

经过长期的努力，浙江省在推进水权交易、林权交易、排污权交易等要素资源市场化配置制度改革方面，在生态补偿制度、循环补贴制度、低碳补助制度等绿色财税制度改革方面，在领导干部环境保护担责制度建设、区域政府差异化政绩考核制度建设等方面,均走在了全国前列。实践表明,科技创新和制度创新是推动经济发展的"两只轮子",同样也是推动生态文明建设和美丽浙江建设的"两只轮子"。

三、坚持以统筹城乡生态文明建设为基点

生态优先、绿色发展的生态文明建设和美丽浙江建设不是纸上谈兵,必须在空间上落地,既要抓美丽城市建设,又要抓美丽乡村建设,坚持城乡统筹。浙江以统筹城乡生态文明建设为基础支点,以人与自然和谐共生为主线,以加快发展为主题,以提高人民群众生活质量为根本出发点,不断拓展生态文明建设和美丽浙江建设的空间布局。

2003年6月,在习近平同志的部署推动下,浙江省启动"千村示范、万村整治"工程,以农村生产、生活、生态"三生"环境改善为重点,着力提升农民生活质量。这一工程成为生态省建设的重要引擎。2004年7月,习近平同志指出,"'千村示范、万村整治'作为一项'生态工程',是推动生态省建设的有效载体,既保护了'绿水青山',又带来了'金山银山',使越来越多的村庄成了绿色生态富民家园,形成经济生态化、生态经济化的良性循环"[①]。浙江省"千万工程"是"绿水青山就是金山银山"理念在基层农村的成功实践。2018年"千万工程"荣获联合国"地球卫士奖"中的"激励与行动奖"。

在实施"千村示范、万村整治"工程和美丽乡村建设中,浙江坚持从实际出发,处理好发展与保护的关系,因地制宜编制规划,科

---

① 习近平.干在实处 走在前列——推进浙江新发展的思考与实践[M].北京:中共中央党校出版社,2006:162.

学把握各类规划的定位和深度，建设规划能落地，基本形成了以美丽乡村建设总规划为龙头、系列专项规划互相衔接的规划体系。一是坚持城乡一体编制规划，村庄布局规划分批确定200个省级中心镇、27个小城市培育试点镇、4000个中心村、971个历史文化村落和2万多个规划保留村，与城镇体系规划共同形成了以“中心城市—县城—中心镇—中心村”为骨架的城乡规划体系。二是坚持因地制宜编制规划，合理确定村庄的布局和每类村庄的人口规模、功能定位、发展方向，避免不必要的重复建设和大拆大建，做到村庄内生产、生活、生态等功能的合理分区和服务设施的合理布点。三是坚持衔接配套编制规划，确保县域村庄布局规划、村庄建设规划有机统一，加强县域村庄布局规划与土地利用总体规划、城镇体系规划、基础设施建设规划等相互衔接，实现了县域范围城乡规划全覆盖、要素全统筹、建设“一盘棋”。既充分发挥规划对实践的规划指导作用，又始终坚持把规划实施作为工作推进的基本环节，做到符合规律不折腾、统筹推进不重复、长效使用不浪费，充分保证规划的严肃性和长效性，落实规划配套建设项目和资金要素，建立乡村规划执法队伍，发挥社会各界对规划实施的监督作用，真正做到体现共性有标准、尊重差异有特色，真正实现规划、建设、管理、经营各环节的有机衔接。

为了更好地打造浙江生态环境，推进“千万工程”和美丽浙江建设，点上整治是基础，面上改观是目标。在村庄整治建设的初始阶段，浙江以垃圾收集、污水治理、卫生改厕、河沟清理、道路硬化、村庄绿化为重点，优先对条件基础较好的村庄进行整治。全面推行“户集、村收、镇运、县处理”的农村垃圾集中收集处理模式，彻底清理露天粪坑，全面改造简易户厕，建立农村卫生长效保洁机制，着力保持村庄洁净。在此基础上，从2011年起全面实施美丽乡村建设五年行动计划，注重从根源上、区域化解决农村环境问题，联动推进生态人居、生态环境、生态经济、生态文化建设，联动推进区域性路网、管网、林网、河网、垃圾处理网和污水处理网等一体化建设，加快村庄整治以点为基、串点成线、连线成片。浙江全面开展了高速公路、国道沿线、名胜景区、城镇周边的整治建设和整乡整镇的环境整治，建立了美丽乡村县、乡、村、户四级创建联动机制，使一个个“盆景”连成一道道“风景”，形成一片片“风光”。截至2017年底，浙江累计有2.7万个建制村完成村庄整治建设，占全省建制村总数的97％；90％的建制村、74％的农户的生活污水得到有效治理；生活垃圾集中收集、有效处理的建制村实现全覆盖，截至2018年6月，55％的建制村实施生活垃圾分类处理。2019年末，浙江省生活垃圾分类处理的建制村累计18742个，覆盖率达到76％。

生态文明建设和美丽浙江建设在空间上绝不限于广大农村，厚植城市建设的“生态本底”也是生态文明建设和美丽浙江建设的题中之义。在2005年8月召开的“千村示范、万村整治”工程现场会上，习近平同志强调，要“建立健全体现资源节约和城乡一体导向的科学规划机制，不断提高工程建设的质量水平和社会效益”[①]。对于生态城市建设，习近平同志在杭州调研西湖综合保护工程时指出，“西湖之美，美在山、美在水，美在淡妆浓抹总相宜的自然环境。浙江省委、省政府提出建设生态省，杭州市也确立了生态立市的目标和发展战略。生态立市首先要在西湖的保护上体现出来，

① 习近平．干在实处　走在前列——推进浙江新发展的思考与实践［M］．北京：中共中央党校出版社，2006：165．

如果西湖的生态环境都破坏掉了，那就根本谈不上生态立市”[①]。习近平同志对杭州生态立市的目标和发展战略提出了具体的要求，为杭州打造“生态文明之都”提供了重要遵循。习近平同志对城乡生态建设的统筹谋划，彰显了对建设资源节约型社会和环境友好型社会的深刻理解。

在习近平同志的推动下，浙江生态文明建设在空间上逐步实现了美丽乡村、绿色城镇、生态城市建设的联动，形成了生态省、生态市、生态县（市、区）、生态乡（镇、街道）、生态村的创建体系，全域化推进美丽县城、美丽小镇、美丽田园、美丽林区、美丽村庄、美丽庭院、美丽水道、美丽公路等系列“美丽＋”建设，以营造城乡一体、产城一体的绿水青山的新格局，以新型城镇化为引领，深入实施“小县大城”“特色小镇”战略，促进美丽乡村建设与新型城镇化联动建设，以美丽县城、特色小镇、美丽精品村为节点，推进美丽经济集聚发展，成为全国生态文明先行示范区。[②]

四、坚持以资源优势“两个转化”为核心

生态优先、绿色发展的生态文明建设和美丽浙江建设必须坚持以经济生态化思路和生态经济化方向确保人民群众的绿色福利。在尊重自然、顺应自然、保护自然的前提下推进经济转型升级，是确保人民群众绿色福利的根本路径。把生态文明建设与“腾笼换鸟”“空间换地”“五水共治”“三改一拆”“四边三化”和新农村建设等有机结合起来，形成保护绿水青山的一系列思路和举措。

---

① 求是杂志社，中共浙江省杭州市委联合调研组. 美丽中国的杭州风景[EB/OL](2021-05-10)[2022-10-25]. https://hzdaily. hangzhou. com. cn/hzrb/2021/05/06/article_detail_1_20210506A0112. html.

② 浙江省咨询委三农发展部. 坚定不移践行“两山”重要思想打造浙江绿色发展新高地[J]. 决策咨询，2016(5)：17.

生态经济是否健康发展是检验生态优先、绿色发展的生态文明建设和美丽浙江建设的核心内容。十几年来,浙江以壮士断腕的决心保护生态环境,大力推进生态经济发展。一方面,充分利用绿水青山的环境优势,倡导生态经济化,大力发展生态农业、生态工业和生态服务业;另一方面,利用环境优势集聚科技、人才、信息等高端要素,实施经济生态化改造,强化创新驱动发展。浙江通过经济生态化和生态经济化循环模式,努力把"生态资本"变成"富民资本",把生态产业和低碳产业作为新的技术制高点和新的经济增长点,逐步形成以产业集聚、企业集中、资源集约和低碳、减排、高效为特征的内涵式增长模式,夯实"绿水青山就是金山银山"的经济基础。[①]

一是产业结构不断优化。2002 年以来,服务业在全省国民经济发展中的比重不断上升,三次产业比重从 2002 年的 8.6∶51.1∶40.3 调整为 2020 年的 3.3∶40.8∶55.9,其中第三产业占比从 40.3%提升至 2020 年的 55.9%,[②]产业结构不断优化、轻型化、生态化。二是生态旅游蓬勃发展。通过发展旅游产业促进经济发展、促进产业结构调整、增加财政收入和城乡居民收入,是生态经济发展的重要组成部分。浙江以"诗画浙江"为主题,倾力打造文化旅游、休闲旅游、生态旅游、海洋旅游、商贸旅游、红色旅游六大品牌。浙江省拥有的国家级旅游度假区和 5A 级景区数量均居全国前列。三是工业生态化迅速推进。大力推进工业经济清洁化生产、循环化利用、低碳化发展。循环经济"991"行动计划有效落实,全省工业废水和二氧化硫排放持续递减,企业循环式生产、产业循

① 夏宝龙.照着"绿水青山就是金山银山"的路子走下去[J].政策瞭望,2015(3):4-7.
② 数据来源:浙江省统计局。

环式组合、园区循环式改造，产业间、区域间、城乡间循环经济协同发展格局基本形成。四是生态农业形势喜人。大力发展高效生态农业，“一乡一品”的有机农业、循环农业、低碳农业、观光农业、设施农业遍地开花，形成各具特色的发展模式。2017 年，全省主导农产品中，无公害农产品、绿色食品、有机食品产地面积比重达到 50％以上，真正做到了生态农业主导化。

浙江在实践中注重把“生态资本”变成“富民资本”，依托绿水青山培育新的经济增长点，夯实“绿水青山就是金山银山”的经济基础。在浙江各地，天然氧吧、负氧离子、环境容量、生态景观等资源已部分转化成了绿色经济；美丽乡村建设和农家乐、乡村旅游发展标准，告别粗放发展，打造精品旅游，以特色农业、品牌农业、高效农业、“互联网＋”农业等产业融合的全产业链模式，一批新经济、新业态破茧而出，探索走出了经济发展与生态环境保护双赢的新路子。创新村集体经济，通过文化产业、农业产业园、养老市场、房屋出租等多方面的发展，形成了新的经济增长点。值得注意的是，浙江 26 个加快发展山区县大部分都处在浙江省大江大河的源头，既有优美的山水自然景观，又有独特的生态休闲资源，还有丰富的农产特产资源和深厚的历史人文资源，再加上这几年城乡互联互通的基础设施、公共服务和美丽乡镇、美丽乡村建设，使得这些区域具备了发展全域旅游、休闲养生、体育健身、生态人居等新型生态美丽经济的良好条件，城乡一体化已初显成效。

浙江抓住城乡发展一体化新机遇，强化以城带乡机制，促进城市居民到山区美丽乡村来消费和投资，通过各种媒体和宣传手段，大力推介这些地方的绿水青山。特别是吸引长三角都市圈的市民、文化人、投资人到浙江的绿水青山来旅游休闲、度假养生和投资创业,依托"绿水青山"开展招商引资和招才引智,让这些山区县成为浙江省发展生态美丽经济新的增长极,顺势打造浙江绿色发展新高地。习近平总书记在2018年4月26日举行的深入推进长江经济带发展座谈会上的讲话中,特别肯定了丽水市的绿色发展成就:"浙江丽水多年来坚持走绿色发展道路,坚定不移保护绿水青山这个'金饭碗',努力把绿水青山蕴含的生态产品价值转化为金山银山,生态环境质量、发展进程指数、农民收入增幅多年位居全省第一,实现了生态文明建设、脱贫攻坚、乡村振兴协同推进。"①丽水市还创新性地提出了新时期深化"绿水青山就是金山银山"发展的核心思想是加快高质量绿色发展。高质量绿色发展的目的是以"绿起来"首先带动"富起来"进而加快实现"强起来"。其内在要求是"两个较快增长",即GDP(地区生产总值)和GEP(生态系统生产总值)规模总量协同较快增长、GDP和GEP之间转化效率实现较快增长。

五、坚持以多主体综合治理为引领

生态优先、绿色发展的生态文明建设和美丽浙江建设不是主动与被动关系的"管理",而是平等主体之间的"治理"。政府、企业、公众既有职能分工又有相互协作,既有各自侧重又有相互制约。浙江各级党委、政府自觉地肩负起了生态文明建设的领导责任,努力当好绿色公共产品供给者、环境污染矫正者、绿色产品市场交易秩序维护者。② 同时,以激励性政策和约束性政策引导广大

① 习近平.在深入推动长江经济带发展座谈会上的讲话[N].人民日报,2018-06-14(2).

② 朱荣伟."两山"理念的生动实践与深化拓展[N].湖州日报,2020-04-09(6).

企业承担绿色社会责任、追求绿色产品红利；充分激发中介组织、社会团体和社会公众广泛参与生态文明建设的积极性。浙江生态文明建设基本形成了政府引导、企业主体、公众参与的工作协同格局，生态领域综合治理能力显著提升。

生态文化氛围的浓厚程度是检验生态文明建设的风向标。如今，浙江的生态文化已全面渗透到政府决策、企业经营和家庭生活之中。一是生态意识不断加强。生态意识是指注重维护社会发展的生态基础、强调从生态价值的角度审视人与自然关系的价值理念。通过举办"护航 G20 美丽浙江精彩分享""迎接 G20 峰会生活方式绿色化"等有关作品征集活动，强化了绿色文化氛围。"环境保护公众参与"的嘉兴模式入选中国推动环境保护多元共治典范案例，由政府主导、积极引导社会公众参与生态文明建设的形式也得到了国际社会的认可。二是绿色生活方式逐步确立。2009 年，以用电节约化、出行少开车、提倡水循环、巧用废旧品、办公无纸化、远离一次性、购物需谨慎、拒绝塑料袋、植物常点缀、争做志愿者等为主要内容的浙江省十条"公民低碳绿色生活准则"正式公布，推动以资源节约和环境保护意识为核心的生态文化渗透到浙江居民消费和政府消费行为中，居民的生态消费和政府的生态采购等绿色生活方式逐步确立。[①]

---

① 郭占恒."两山"理念的科学内涵与生动实践——纪念习近平"两山"理念提出实施 15 周年[J].观察与思考，2020(7)：61.

第二节　生态优先、绿色发展建设美丽中国的对策建议

在中国共产党第二十次全国代表大会上,习近平总书记再次强调:“我们要推进美丽中国建设,坚持山水林田湖草沙一体化保护和系统治理,统筹产业结构调整、污染治理、生态保护、应对气候变化,协同推进降碳、减污、扩绿、增长,推进生态优先、节约集约、绿色低碳发展。”[①]生态优先、绿色发展内涵丰富、思想深刻、生动形象、意境深远,是习近平生态文明思想的核心、标志性观点和代表性论断,是当代中国马克思主义理论发展的重要创新成果,也已经成为习近平新时代中国特色社会主义思想的重要组成部分。当前,我国正踏上实现第二个百年奋斗目标的新征程,要实现中华民族伟大复兴和社会主义现代化强国的第二个百年奋斗目标,必须坚持中国特色社会主义道路,必须深化改革开放,解决发展不平衡不充分问题,必须继续坚持生态优先、绿色发展,深入践行“绿水青山就是金山银山”理念,把中国的“绿水青山”做得更美,“金山银山”做得更大,以满足14亿中国人民日益增长的美好生活需要和现代化发展需要。

一、以“共创、共享、共富”思想引领美丽中国建设

2012年11月15日,中共中央总书记习近平在中央常委见面

---

① 习近平.高举中国特色社会主义伟大旗帜　为全面建设社会主义现代化国家而团结奋斗[J].求是,2022(21):26.

会上的讲话中提到："人民对美好生活的向往，就是我们的奋斗目标。"[①]经济发展水平、社会秩序状况、生活环境质量都是与美好生活息息相关的。经济繁荣、社会和谐、生态优美是居民幸福的根本标志。坚持生态优先、绿色发展，就是要做到：生态经济繁荣——经济生态化、生态经济化、生态经济主导经济发展；生态社会和谐——环境正义彰显、收入差距适度、社会秩序井然；生态环境优美——生态环境美、生活环境美、生产环境美。照着"绿水青山就是金山银山"之路走下去，落实好以人民为中心的发展思想，就要使居民充分享受到经济福利、社会福利和生态福利。因此，建设美丽中国，必须解决人民群众的重大关切。那么，人民群众的最大关切是什么？从基本需求层面看：一是关乎"喝一口洁净水"的水环境安全问题；二是关乎"吸一口新鲜空气"的大气环境安全问题；三是关乎"吃一口放心食物"的土壤环境安全及持久性有机污染物治理问题。从高级需要层面看：生态审美的需要、生态文化的需要、生态民主的需要等，都是随着收入水平上升不断递增的需要，要及时满足人民的这些需要。只有解决这些人民群众的重大关切，人民群众才会有安全感，才会有获得感，才会有幸福感。

美丽中国建设与发展，要特别关注我国广大丘陵山区。丘陵山区虽"珍宝山中藏"，但特殊的地形地貌往往具有"自然地理性隔绝"，丘陵山区人民在美丽中国建设目标中的减贫与发展问题至关重要。[②] 既要在践行"绿水青山就是金山银山"理念的过程中突出生态保护与补偿、资源产权等体制机制的创新与完善及相关产业

---

① 习近平. 人民对美好生活的向往就是我们的奋斗目标[M]//中共中央文献研究室. 十八大以来重要文献选编(上). 北京：中央文献出版社，2014：235.

② 黄祖辉，姜霞. 以"两山"重要思想引领丘陵山区减贫与发展[J]. 农业经济问题，2017(8)：4-10.

的科学发展,又要关注丘陵山区贫困人口的“共创、共享、共富”。也就是说,不仅要引导和支持丘陵山区贫困人口参与、融入“绿水青山”转变为“金山银山”的进程,而且要确保他们能够分享“金山银山”,实现生态优先、绿色发展和共富发展。为此,要重视丘陵山区贫困人口权利赋予和能力建设,使其能平等参与经济社会发展体系,实现初次分配脱贫和再次分配共享。

首先,在土地和林权制度深化改革中,要关注政策措施的益贫性和公平性。发展以民为本的农林业,保障当地农民(尤其是贫困弱势群体)获得充分的资源权利,使丘陵山区贫困人口能够获得更多自主选择的机会。例如,根据资源特色和经济收益,自主选择适当的经营方式,拓展增收渠道;通过山地流转、林权抵押贷款、山地和林权入股、林业信托等获得生产资本或实现非农就业转移。还要重视丘陵山区社区原生组织体系和基层民主决策制度的重要作用,赋予丘陵山区社区在山林权制度改革和扶贫项目上的自主权,使政策措施与丘陵山区农民的发展需求和扶贫项目有效对接,在执行层面上具有灵活性、创造性和公平性。

其次,在丘陵山区“绿水青山”内生性产业和外生性产业的发展过程中,要重视对贫困群体的教育培训。重视农林业剩余劳动力、弱势群体和贫困群体的就业和参与;要关注弱势群体的权益,避免高价值山林产品生产中利益分配不均或者寻租现象,确保上述产业发展对贫困群体的包容性和利益分配的公平合理性。

再次,在生态补偿项目的实施上要充分考虑贫困群体的利益。协调资源保护目标和贫困减缓及其他发展目标,建立贫困群体参与机制,增强贫困群体和政府之间的交流与合作。对于生态公益林建设地区和林业重点工程实施地区,在不影响丘陵山区生态功能的前提下，应允许贫困群体充分利用资源、景观优势，发展山林旅游，盘活林下经济，多方位拓展增收渠道。

此外，还需要重视丘陵山区合作组织的益贫性。合作组织具有内生益贫功能，基层政府应采取相应的扶持政策，帮助和推动丘陵山区农民尤其是贫困群体建立或加入合作组织。同时，要将合作社的益贫功能与国家精准扶贫的政策杠杆有机结合，在合作社章程中确立减贫目标和具体行动方案，由合作组织作为主体和载体，承接政府扶贫项目，并将扶贫项目及其建设所形成的资产作为合作社的资产，量化到社员，使其成为贫困群体投资折股的重要组成部分和收益分配的重要依据，以吸引更多贫困农民加入相关合作组织，分享合作社的益贫效应，实现脱贫和同步小康。

二、以重拳整治生态环境推进美丽中国建设

打赢污染防治攻坚战是党的十九大向全国人民作出的庄严承诺，也是跨越重大关口、决胜全面小康的关键之战。以重拳重典整治生态环境，打好污染防治攻坚战，已成为实现美丽中国建设目标的重要任务。

要大力实施“碧水蓝天”工程。深入推进环境污染防治，持续深入打好蓝天、碧水、净土保卫战，基本消除重污染天气，基本消除城市黑臭水体，加强土壤污染源头防控，提升环境基础设施建设水平，推进城乡人居环境整治。[①] 为此，仍要加大治水力度，巩固提升剿灭劣Ⅴ类水成果，全省饮用水源地水质和跨行政区域河流交接断面水质力争实现双达标。要进一步提升治气效果，城市空气质量优良天数比例继续提高。大力推行城乡生活垃圾分类化、减量

① 习近平.高举中国特色社会主义伟大旗帜　为全面建设社会主义现代化国家而团结奋斗[J].求是，2022(21)：26.

化、资源化、无害化处理,落实农村生活污水治理设施长效运维管护机制;大力推进"山水林田湖"生态保护,实施重大生态修复工程,巩固生态公益林建设、退耕还林等成果,保护好湿地,严守生态保护红线;强化对重要生态功能区、生态环境敏感区和脆弱区的保护力度,增强涵养水源、保持水土、防风固沙能力,保护生物多样性;统筹抓好治土、治固废等环境治理工程。

要积极探索高效绿色产业发展实现路径。进一步发展循环农业、生态农业、休闲观光农业,大力推动农业废弃物无害化处理、资源化循环利用,让农业成为名副其实的生态大产业;进一步加强对高耗能、高污染、高排放工业制造业的技术改造,以生态环境整治和严格法规实施标准倒逼企业转型、产业升级,大力发展生态循环型工业,以发展资源再生利用产业为纽带,促进工业的生态化转型,走绿色工业化道路;加快培育壮大节能环保产业,加强污染防治、生态保护、节能环保装备及新型环保材料等关键技术研发和成果转化,做大做强节能与新能源汽车、绿色家电、城市污水处理装备等优势产业。

要实施自然资源高效化战略,优化自然资源的投入结构并提高自然资源生产率。提高自然资源利用效率是整治生态环境的"本"。自然资源高效化就是通过创新提高自然资源的利用效率和效益,努力提高资源生产率(单位水资源的产出、单位能耗的产出等),以缓解自然资源供求矛盾。自然资源高效化的根本途径主要有[①]:一是通过技术创新和制度创新提高自然资源的配置效率、技术效率和管理效率,在资源的输入端做到"减量化";二是通过技术

① 沈满洪.杭州建设"美丽中国"先行区的战略体系[N].杭州日报,2015-12-07(13).

创新和工艺创新，努力做到资源的多次利用、反复利用、梯级利用和循环利用，在资源的中间段做到“再利用”；三是通过技术创新和政策创新，努力开发“城市矿山”，努力做到垃圾分拣，在资源的输出端做到“再资源化”。自然资源高效化的关键在于制度倒逼，实行取水总量控制，保障生态用水，倒逼水资源效率的提升；实行化石能源总量的控制，保证温室气体的减排，倒逼能源效率的提升；实行排污总量的控制，保障环境质量的好转，倒逼环境容量效率的提升。

要实施生态环境景观化战略，让生态环境、生活环境、生产环境符合审美感受。生态环境景观化就是要在保障生态环境质量根本好转的前提下，形成山清水秀、天蓝地净的优美的环境景观。不仅生态环境要景观化，而且生活环境、生产环境都要景观化。要让人们感受到生活着是幸福的、工作着是美丽的。坚持合力治水方略，彻底解决“一口水”的问题；坚持协同治气方略，彻底解决“一口气”的问题；坚持科学治土方略，彻底解决“一口饭”的问题。解决上述“三口”问题只是环境保护的基本要求，是底线。实施生态环境景观化战略，需要三措并举：一是依靠技术创新推动，实现科学与艺术的结合。要把绿色技术和绿色艺术中的关联元素充分挖掘出来，形成美丽绿色科技，支撑生态环境景观的建设。二是依靠制度创新推进。“门前屋后要栽树”“风水宝树不能砍”，就是长期以来的非正式制度，有效地保护了村落的美丽森林，使远离家乡的游子回归故乡时能找回“乡愁”。三是依靠艺术创新推动，在绿色发展中创造出更受群众喜爱的书画作品、音乐作品和文学作品。美丽乡村建设、美丽中国建设进程中，有大量可歌可颂的人物和事迹，都可成为重塑生态环境景观美的素材。

实施城乡建设特色化战略,形成城乡公共服务一体化、生态建设特色化格局。城乡建设特色化战略就是城乡建设要分层次、差异化、特色化,在彰显城市生命共同体、乡村生命共同体的基础上,充分体现每个城市、城镇和村落的个性与风格,建设具有山水与人文融合、历史与现代交汇的诗画江南韵味的美丽城乡。一是做到城市、城镇、村落有明显层次,各自形成不同的功能定位;二是城市、城镇、村落有明晰边界,不应出现城市与城镇之间、城镇与村落之间“打混战”的情况;三是每一个城市、城镇和村落都有个性鲜明的特色,建设一批特色小镇、特色文化村等,形成各自的“产品差异”。在城乡建设特色化战略推进的过程中,要注意城乡公共服务的均等化,如道路网络的建设、自来水的供给、社会保障的供给等。

三、以体制机制优化创新加快美丽中国建设

生态优先、绿色发展的美丽中国建设要加强和完善生态文明制度体系,坚持生态文明制度体系化,通过继承和创新形成完善的生态文明制度体系、生态文明制度“工具箱”、生态文明“制度矩阵”等,以生态文明体制、机制、制度保障美丽中国建设的长效化。生态文明制度体系化就是要从零敲碎打转向系统设计,从自下而上转向自上而下,从定性判断转向定量评价。

在中国共产党第二十次全国代表大会上,习近平总书记进一步指出,要“积极稳妥推进碳达峰碳中和”“立足我国能源资源禀赋,坚持先立后破,有计划分步骤实施碳达峰行动”“完善碳排放统计核算制度,健全碳排放权市场交易制度。提升生态系统碳汇能力。积极参与应对气候变化全球治理”[①]。要实现这样的目标,生

① 习近平.高举中国特色社会主义伟大旗帜 为全面建设社会主义现代化国家而团结奋斗[J].求是,2022(21):27.

态优先、绿色发展的制度体系构建要致力于三个类型的制度建设①：一是优化管制性制度，充分发挥法律和行政手段的作用。实施最严格的自然资源和生态空间保护制度。规定生态功能保障基线、环境质量安全底线和自然资源利用上线“三条红线”。实行最严格的环境准入制度，实行节能减排降碳总量管制制度。二是健全经济性制度，充分发挥经济手段的作用。完善资源有偿使用和生态补偿制度。大力推进自然资源、环境资源、气候资源产权制度改革。大力推进资源环境财政税收改革。三是完善引导性制度，充分发挥道德手段的作用。营造良好的生态文化氛围。

要深刻理解习近平总书记提出的“良好生态环境是最公平的公共产品，是最普惠的民生福祉”②论述。把绿水青山作为城乡居民共享的资源，着力构建一个城乡共建、共享、共治绿水青山的体制机制和规制，以保证美丽中国建设的长效性，特别需要在下列制度上有突破和创新。

一是创新生态养护制度。要建立补偿养护、规制养护、赋权养护相结合的生态养护制度。补偿养护以政府或社会购买生态服务为主，重点是建立多元化、多渠道、差异化的资源生态养护与补偿制度，创新政府资源生态养护补偿的支付方式，增强产业扶持型、技术支持型和人才培训型的转移支付。同时，高度重视社会组织和个人在资源生态养护和补偿体系中的作用，如建立生态基金，将筹集的资金用于各类资源生态养护的补偿或对绿色产业与技术的支持。规制养护侧重于生态法治体系完善。赋权养护是通过生态

---

① 沈满洪.杭州建设“美丽中国”先行区的战略体系[N].杭州日报，2015-12-07(13).

② 中国林业科学研究院.良好生态环境是最公平的公共产品和最普惠的民生福祉[J].河北林业，2014(10)：10.

管理权与使用权的赋权,激励受权主体产生生态管护行为。

二是创新生态产权制度。进一步深化农村土地和林权产权制度的改革,探索集体和农民混合所有的产权改革思路。同时,推进其他资源生态产权制度的改革,如生态资源资产的“三变”改革、农村集体经济的股份合作改革等。对于那些难以或不宜确权到人或户的“绿水青山”资源,可探索分权化和地方化的改革思路,将资源生态产权或配额确权到相应的地方或地方联盟,同时,建立和完善相关资源生态的规章制度,以既防止对资源生态产权主体的侵权行为,又避免产权拥有者和使用者对资源生态产权滥用所导致的负外部性。

三是创新生态交易制度。市场交易制度是“绿水青山”转化成“金山银山”的最重要的制度。在解决资源权属和权能的基础上,亟须建立资源生态产权和生态配额的市场交易体系与制度。要在建立和完善各类土地(农地、林地、草地、山地)产权市场交易体系的同时,探索建立其他资源生态产权交易体系和市场,如水权交易体系和市场、碳汇交易体系和市场、森林覆盖率配额交易体系和市场、生态标志认证体系和标志产品交易体系与市场。

四是创新绿色发展引导机制。应建立与完善多维度的绿色发展激励与约束引导机制,进一步强化生态环境问责制度。将生态环境治理约束、企业进入门槛约束、产业转型升级约束、社会消费行为约束以及绿色发展考核约束这五个方面的约束制度化,形成多方位约束合力与绿色发展激励相兼容的体制机制,营造“绿水青山”持续高效转化与绿色发展的良好环境,以促成企业发展动能转换,追求绿色发展;政府评价导向转换,致力绿色导向;民众消费行为转换,崇尚绿色消费。

五是创新绿色发展共享机制。绿色发展理念也是共享发展的理念。因此，不仅要引导、鼓励和支持企业、社会团体和广大民众积极融入"绿水青山"转化与绿色发展的进程，而且还要建立"绿水青山"转化与绿色发展的"共创、共享、共富"相融机制，使"绿水青山"转化成绿色发展的"金山银山"能为普通民众共享，尤其是能为"绿水青山"区域的普通民众共享。为此，在"绿水青山"转化与绿色发展的过程中，应重视资源生态产权制度与管理制度以及相关政策设计的益贫性和公平性，推进资源资产化、资产股份化、股份合作化改革。要用好政府产业政策和公共政策的杠杆，促使绿色发展对普通民众具有包容性。要引导企业和农民合作组织带动小农发展，实现小农户、贫困群体与绿色发展的有机衔接和共富发展。要特别重视农村集体产权制度深化改革。深入推进城乡配套的综合改革和农村集体产权制度改革，构建权属明确、权能充分、城乡一体的资源要素新市场。进一步深化和完善农村集体经济产权制度改革、土地承包权流转制度改革和农村集体林权制度改革，推进农地和林地的转让与市场化交易；加快农村集体建设用地进入市场的改革和农村宅基地及住房制度的市场化改革；通过地方化和分权化的思路，加快区域资源资产化、资产股权化、股权市场化的改革。全方位激活绿水青山的各种要素，使农民能获取更多财产权益，能按照自己的意愿经营与交易自己的产权，既成为真正的市场主体，又增加自己的财产性收入，同时发展壮大村集体经济。在此基础上，建立起城乡资源要素规则有效、平等交易新市场，实现山区森林资源、山地资源、耕地资源、生物资源、气候资源、人文资源、景观资源、矿产资源、碳汇资源、宅基地等资源的有效配置和交易。

四、以产业生态化和生态产业化建设美丽中国

建立在“绿水青山”基础上的“金山银山”,其载体必定是生态优先、绿色发展的产业,要做大、做优、做强这类产业,不能局限于资源生态本身,必须着眼于生态产业化和产业生态化相结合,体现产业融合、功能多样、城乡联动的产业体系建构。首先从当地“绿水青山”的特点出发,实现生态产业化和相关一二三产的融合发展。其次是在生态产业化的同时重视产业生态化,也就是注重关联产业的生态功能挖掘,既体现产业融合,又体现功能多样和业态多样。再次是形成城乡联动的绿色产业链,使美丽乡村成为美丽经济,美丽经济拉动城乡消费需求。

实施生态优先、绿色发展产业生态化战略,让绿色发展、循环发展、低碳发展成为生产活动的主旋律。产业生态化是符合绿色发展、循环发展、低碳发展要求的产业经济。产业生态化就是产业经济的发展以生态产业为导向,完成从黑色发展向绿色发展的转变、从线性发展到循环发展的转变、从高碳发展到低碳发展的转变。一是工业部门要淘汰落后工业产能、改造传统重化工业、发展高新技术产业;二是农业部门要鼓励有机绿色的生态;三是服务部门要大力发展文化创意产业、电子商务产业、生态旅游产业、绿色金融服务业等轻型化产业。生态产业主导化还要求产业结构的转型升级。就技术贡献率而言,要努力实现高新化,使得科技进步对经济增长的贡献率实现大幅提升;就创意贡献率而言,要努力实现轻型化,使得创意产业对经济增长的贡献率实现大幅提升。生态产业主导化战略需要标准引领,明确禁止性产业、许可性产业和倡导性产业的目录。通过“领跑者”制度的实施,不断提升各大产业的绿色化程度。同时,要通过产业政策予以激励和约束;要通过生

态补偿、循环补贴、低碳补贴等鼓励绿色发展；要通过环境税收、资源税收、高碳税收甚至禁令等约束黑色发展。

实施生态优先、绿色发展生态产业化战略，让生态资源、环境资源和气候资源转化成经济社会价值。进一步拓宽“绿水青山就是金山银山”发展视野，做大“绿水青山”经济。一是做好“绿水青山”转化文章。要使“绿水青山”成为“金山银山”，一方面要立足“绿水青山”这一资源本底，通过生态产业化的理念，做好直接转化这篇文章；另一方面，要跳出“绿水青山”资源与空间的局限，通过产业生态化的理念，发挥“绿水青山”溢出效应与带动效应，做好间接转化这篇文章，做大“绿水青山”业态，做优、做强绿色经济，使“绿水青山”产生更大、更好、更优的“金山银山”效应。要拓宽“绿水青山”转化“金山银山”的路径，既重视政府购买生态养护与服务的转化路径，又重视市场交易生态产品与服务的转化路径，还要重视社会参与的转化路径，如建立生态基金和鼓励自愿支付绿色消费等。二是发展“绿水青山”两类产业。一类是“绿水青山”的内生性产业。这类产业内生于“绿水青山”，是以“绿水青山”为本底的产业或经济活动，如生态农业、生态旅游、生态养生等产业。另一类是“绿水青山”的外生性产业。这类产业外生于“绿水青山”，但与“绿水青山”是紧密关联的产业，如相关的服务业、物流业、地产业、金融业和田园生态城镇的发展等。要做大做强“绿水青山”业态，发展“绿水青山”外生性产业极为重要。三是活化“绿水青山”经营理念。生态产业化和产业生态化是活化“绿水青山”经营的一种理念。“绿水青山”难以移动，将“绿水青山”从“产地”市场转变为“销地”市场，也是一种“绿水青山”的经营理念。通过生态认证、地理标志认证、碳汇交易等制度转化“绿水青山”价值，又是一种

“绿水青山”的经营理念。此外,将生态化、绿色化与品牌化相结合,提升“绿水青山”附加值以及倡导绿色消费,都是活化“绿水青山”的经营理念。

五、引导全社会共同行动参与美丽中国建设

建设美丽中国不仅是生态文明价值观的革命,而且是现代国家治理体系与治理能力的新发展,为我国实行最严厉的环境保护制度,形成政府、企业、公众共治的环境治理体系提供了重要的理论支撑。在深入践行“绿水青山就是金山银山”理念,推进生态优先、绿色发展美丽中国建设过程中,要充分发挥党委、政府在生态优先、绿色发展中的主导作用、关键作用,把生态优先、绿色发展上升为政府的重要职能;同时,培育和激发全体公民的主体意识,动员全社会力量参与生态优先、绿色发展美丽中国建设。引导全社会共同行动,着力构建包括企业、学校、社区和家庭等在内的生态文明网络体系,大力倡导绿色低碳的生活方式、消费模式和行为习惯,全方位构建社会监督体系,积极回应公众关心的环境问题等。

要用美丽心灵来建设美丽中国。美丽中国是回应人民对美好生活向往而提出的目标要求。美丽中国建设以人民为中心,一切为了人民,美丽中国建设也要依靠广大人民,更要依靠广大人民的美丽心灵。美丽中国建设要内化于心,按照物质文明和精神文明、生态文明相协调的要求,让美丽中国与美丽心灵相辅相成。要充分利用多渠道多载体,加强生态文明宣传,营造深厚的舆论氛围,推动养成生态文明先进理念和素养。要建立公众广泛参与的机制,拓宽公众参与渠道,充分保障公众的生态环境知情权、参与权和监督权,让公众成为生态优先、绿色发展美丽中国建设的主体力量。

要进一步把社会主义核心价值观的宣传教育、生态文明价值观的教育和“天人合一、道法自然”的优秀传统文化教育与生态优先、绿色发展美丽中国建设结合起来，努力使美丽中国建设与“感动中国”的精神文明建设活动形成互促共进的机制，使美丽中国建设建立在每个人的美丽行为、美丽心灵的基础之上，使美丽中国建设成为美丽中国人的自觉行动，成为中国人美丽心灵展示的窗口。

生态优先、绿色发展美丽中国建设要进一步制定和完善企业社会责任制度，明确企业的生态环境责任，提高企业环境守法意识，把落实企业保护生态环境的社会责任作为美丽中国建设的关键，健全企业环保奖惩机制，推动企业积极开展清洁生产和环境标志认证。开展引导性绿色消费，倡导绿色产品消费，倡导生活垃圾分类。对于居民绿色消费方式、产品和行为等所带来的福祉要大张旗鼓地进行宣传，使之成为风尚。同时，要建立健全社会公众参与美丽中国建设的机制与渠道，强化美丽中国建设的社会监督。实施公众参与，集中公众的知识、经验和智慧，把环境隐患和安全隐患消除在萌芽状态。

案例 6-1

杭州西溪湿地探索湿地保护与利用双赢之路

2020 年 3 月 31 日，习近平总书记在杭州西溪国家湿地公园考察湿地保护利用情况，强调湿地开发要以生态保护为主。西溪湿地作为中国首个国家湿地公园，已被列入国际重要湿地名录。西溪湿地在发展过程中，坚持生态优先，把保护摆在首位，保持水清岸绿，还湿地生态之美，实现共生共荣，让城市融入自然，成功探索出一条城市湿地保护与利用双赢的发展之路。

但在20世纪80年代,随着杭州城市化进程的加快,西溪湿地以年均约1平方公里的速度快速萎缩,叠加当地村民生猪养殖的废水污染,湿地水质急剧恶化。紧邻杭州主城区的区位优势,让西溪湿地商业开发潜力巨大,要GDP还是要“绿肺”,一度有过争议,最终杭州市政府还是下定决心,做出保护西溪湿地、保护“杭州之肾”的关键抉择。2003年,《杭州市西溪湿地保护区总体规划》正式发布,标志着西溪湿地综合保护工程正式启动。西溪湿地坚定地走在保护的基础上进行开发利用的道路,坚持生态优先、最小干预、修旧如旧、注重文化、以人为本、可持续发展六大原则,将其分为“三区一廊三带”,采取搬迁整治、封闭封育等措施,恢复原始湿地生态,营造特有的水域、地貌、动植物和历史人文景观。生态修复让西溪湿地再现青山绿水,动植物资源全面盘活。2005年,西溪国家湿地公园正式开园,累计接待游客超过3000万人次,工作人员总数达到300人左右,且70%以上是本地居民,以西溪湿地为中心的大西溪经济圈、文化圈和生活圈正在形成。

案例来源:傅琳琳,毛小报,毛晓红.浙江省“绿水青山就是金山银山”转化的实践模式与路径创新[J].浙江农业科学,2020,61(12):2469-2473.

案例简析 〉〉〉

西溪湿地发生的巨大变化是生态保护与经济发展协同并进的一个缩影。在“绿水青山就是金山银山”理念指引下,西溪湿地坚持以生态优先、绿色发展为导向,把生态保护放在首位,还湿地生态之美,让城市融入自然,成功探索出一条城市湿地保护与利用双赢的发展之路,并为“绿水青山”向“金山银山”转化提供了“既保护又开发”的城乡融合绿色提升的新模式。

案例 6-2

从“时间表”到“实践表”　美丽中国愿景可期

“2035年美丽中国目标基本实现”“本世纪中叶建成美丽中国”……对于百姓关心的环境问题，在2018年5月18—19日的全国生态环境保护大会上，习近平总书记给出了最新答案。一幅隽秀神州、美丽中国的新图景正在中华大地上徐徐展开。

“入之愈深，其进愈难。”“美丽中国”的形成过程是将生态文明建设融入经济建设、政治建设、文化建设、社会建设等的各方面和全过程。她不是轻轻松松的口号，更不是随随便便的愿景，是绿色发展理念的落实，是生态文明建设的开展，是携手共进上下一心的撸起袖子加油干。

落实绿色发展理念，是顺民心之举、应民意之措。环境就是民生，青山就是美丽，蓝天也是幸福。如果说老百姓过去“盼温饱”，现在则是“盼环保”；过去“求生存”，现在则是“求生态”——只有天蓝了、水清了、地绿了、城美了，老百姓的生活才会更美好，老百姓的幸福感也才会与日俱增。因为良好的生态环境是最公平的公共产品，也是最普惠的民生福祉。值得庆幸的是，落实绿色发展理念，正是我们在走并将持续要走的路子。当然，这样一条漫长而艰辛的绿色之路，光有绿色发展理念还远远不够，还需要我们每一个人、每一个家庭、每一个单位、每一家公司、每一个政府部门身体力行，节能减排，推动低碳经济，着眼绿色发展。在这样一条绿色发展的路上前行，何愁不能还老百姓蓝天白云、繁星闪烁？何愁不能给老百姓清水绿岸、鱼翔浅底？

做好生态文明建设，是发展之首要、前进之所需。“生态兴则文明兴,生态衰则文明衰。”正因深谙此道,党的十八大之后,生态文明建设被纳入“五位一体”总体布局并写入党章;党的十九大把“绿水青山就是金山银山”写入党章;2018 年 3 月的全国“两会”又将建设“美丽中国”和“生态文明”写入宪法……生态文明的主张显然已经成为国家战略的体现。放眼中国,生态文明建设已见成效,无论在经济建设还是政治建设上,无论在文化建设还是社会建设中……我们都能看到生态文明贯穿其中的全过程和各方面,这不仅是社会的文明与进步,更是可持续发展的必走之路。当然,进一步做好生态文明建设,仍需把好人与自然、人与人、人与社会和谐共生的尺度,“子钓而不纲,弋不射宿”。在戒尺之内,何愁社会不能全面发展?何愁中国不能持续繁荣?

奏响美丽中国“同心曲”,是民之所望、施政所向。“同一片土地同一片蓝天,心也相连情也相连。”“美丽中国”不是哪一个人的愿景,也不是哪一个群体的期待,而是整个中国的梦想。从“富强民主文明和谐的社会主义现代化国家”到“富强民主文明和谐美丽的社会主义现代化强国”,社会主义现代化奋斗目标从“富强民主文明和谐”进一步拓展为“富强民主文明和谐美丽”,“五位一体”总体布局与现代化建设目标有了更好的对接。“2035 年美丽中国目标基本实现”“本世纪中叶建成美丽中国”,“美丽中国”的“时间表”让人期待;从树立和践行“绿水青山就是金山银山”理念到坚持节约资源和保护环境的基本国策,从统筹山水林田湖草系统治理到实行最严格的生态环境保护制度,从形成绿色发展方式和生活方式到坚定走生产发展、生活富裕、生态良好的文明发展道路……“美丽中国”的“实践表”令人振奋。

案例来源:从“时间表”到“实践表” 美丽中国愿景可期[EB/OL].(2018-05-21)[2022-10-30]. http. //review. jschina. com. cn/zjep/201805/t20180521_1618142. shtml.

案例简析 〉〉〉

“受益而不觉，失之则难存。”眼下，面对“美丽中国”建设，我们需怀抱“路漫漫其修远兮，吾将上下而求索”的坚毅决心，执着努力，进而遵循尊重自然、顺应自然、保护自然的生态文明理念，勠力同心、久久为功，蓝天常在、青山常在、绿水常在的美丽中国愿景可期。

本章小结

建设美丽浙江，是生态文明建设迈上新台阶的重要一步，是浙江承担的重要使命，也是推进美丽中国建设的重要力量。浙江始终坚持生态优先、绿色发展，不断深化生态文明建设实践，以生态省建设和美丽浙江建设为战略引领，坚持体制创新和科技驱动“双管齐下”，以统筹城乡生态文明建设为基点，以资源优势“两个转化”为核心，形成多主体综合治理体系，打造美丽中国的浙江样板。立足浙江生态文明建设的生动实践，深度挖掘其创新思路、成功做法和典型经验，为美丽中国建设打下坚实的基础。美丽中国的建设需要坚持“共创、共享、共富”思想，重点整治生态环境，优化创新体制机制，推进产业生态化和生态产业化建设，引导全社会共同参与行动，进而有效推动美丽中国建设的整体进程。

思考题

1. 浙江生态优先、绿色发展的实践探索对你所在地区的发展有何启示意义？

2. 请谈谈你对美丽中国建设的想法与建议。

拓展阅读

1. 习近平. 论坚持推动构建人类命运共同体[M]. 北京：中央

文献出版社,2018.

2.卢艳芹,王晓政."美丽中国"视阈下价值观的生态化转向研究[M].北京:中国社会科学出版社,2020.

3.卢风等.生态文明:文明的超越[M].北京:中国科学技术出版社,2019.

4.钱勇.美丽中国[M].北京:人民日报出版社,2022.

后　记

“生态优先、绿色发展”是习近平同志“绿水青山就是金山银山”理念和现代生态文明思想的核心体现，是中国转型发展、高质量发展和现代化进程的重要抓手。本教材比较系统地阐述了“生态优先、绿色发展”的内涵、意义及其理论价值，重点围绕浙江在探索“生态优先、绿色发展”中的实践历程、具体做法与经验启示，从不同视角分六章进行了布局和介绍，并提出了针对性的思考问题，以供学员和有兴趣的读者参考使用。

浙江大学是中组部干部培训基地，承担了全国大量的干部培训任务。为了更好地宣讲习近平新时代中国特色社会主义思想，反映浙江在改革开放中的实践探索和发展特色、发展经验及其启示，浙江大学组织团队编写“新思想在浙江的萌发与实践”系列教材，由浙江大学党委书记任少波担任总主编。

《生态优先与绿色发展：理论与浙江实践》分册由浙江大学中国农村发展研究院首席专家、湖州师范学院“两山”理念研究院院长、浙江省政府咨询委员会委员黄祖辉教授担任主编，浙江省农业科学院傅琳琳和浙江财经大学米松华担任副主编。

在教程编写过程中，浙江大学党委宣传部、浙江大学出版社等单位提供了大力支持与帮助。浙江大学中国农村发展研究院的研究生崔柳等为教材资料的收集和整理作出了贡献。本教材编写参考了浙江农林大学沈满洪教授、中共浙江省委党校王祖强教授、中共浙江省委政策研究室郭占恒研究员等专家学者的前期研究成果,吸取和采用了在生态文明建设和“绿水青山就是金山银山”理念等研究领域众多专家学者、政府部门的重要成果、研究案例和文件精神。教材所参考的文献资料大多给出了注释说明或来源出处,但也可能存在部分遗漏的情况,在此谨向有关作者和单位致以诚挚的谢意!

当然,本教材还存在诸多不完善和不足之处,我们也期待读者的批评指正。

编　者

2023 年 1 月